essentials

essentials liefern aktuelles Wissen in konzentrierter Form. Die Essenz dessen, worauf es als „State-of-the-Art“ in der gegenwärtigen Fachdiskussion oder in der Praxis ankommt. *essentials* informieren schnell, unkompliziert und verständlich

- als Einführung in ein aktuelles Thema aus Ihrem Fachgebiet
- als Einstieg in ein für Sie noch unbekanntes Themenfeld
- als Einblick, um zum Thema mitreden zu können

Die Bücher in elektronischer und gedruckter Form bringen das Expertenwissen von Springer-Fachautoren kompakt zur Darstellung. Sie sind besonders für die Nutzung als eBook auf Tablet-PCs, eBook-Readern und Smartphones geeignet. *essentials:* Wissensbausteine aus den Wirtschafts-, Sozial- und Geisteswissenschaften, aus Technik und Naturwissenschaften sowie aus Medizin, Psychologie und Gesundheitsberufen. Von renommierten Autoren aller Springer-Verlagsmarken.

Weitere Bände in der Reihe http://www.springer.com/series/13088

Heinz Klaus Strick

Stochastische Paradoxien

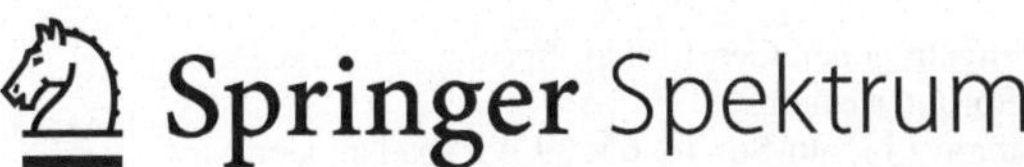

Heinz Klaus Strick
Leverkusen, Deutschland

ISSN 2197-6708 ISSN 2197-6716 (electronic)
essentials
ISBN 978-3-658-29582-0 ISBN 978-3-658-29583-7 (eBook)
https://doi.org/10.1007/978-3-658-29583-7

Die Deutsche Nationalbibliothek verzeichnet diese Publikation in der Deutschen Nationalbibliografie; detaillierte bibliografische Daten sind im Internet über http://dnb.d-nb.de abrufbar.

Lektorat/Planung: Iris Ruhmann
Springer Spektrum ist ein Imprint der eingetragenen Gesellschaft Springer Fachmedien Wiesbaden GmbH und ist ein Teil von Springer Nature.
Die Anschrift der Gesellschaft ist: Abraham-Lincoln-Str. 46, 65189 Wiesbaden, Germany

Was Sie in diesem *essential* finden können

Beispiele von Paradoxien, die

- sich aus falschen oder unterschiedlichen Modellbildungen ergeben,
- mit Fehlvorstellungen über Zufallsvorgänge zusammenhängen,
- durch Verwechslung von Wahrscheinlichkeiten oder Mittelwerten entstehen,
- sich aus einer fehlenden Transitivität ergeben,
- mit der unterschiedlich strukturierten Zusammensetzung einer Grundgesamtheit zusammenhängen.

Einer der großen Vorteile der Wahrscheinlichkeitsrechnung ist der, dass man lernt, dem ersten Anschein zu misstrauen.

(Pierre-Simon Laplace, 1749–1827)

Vorwort

Dieses Heft beschäftigt sich mit verschiedenen Phänomenen aus Wahrscheinlichkeitsrechnung und Statistik, die – teilweise nur auf den ersten Blick – *paradox* erscheinen.

Das aus dem Griechischen stammende Wort (*parádoxos, pará*=gegen, entgegen und *dóxa*=Meinung) wird bildungssprachlich in der Bedeutung *einen [scheinbar] unauflöslichen Widerspruch in sich enthaltend, widersinnig, widersprüchlich verstanden* (www.duden.de/rechtschreibung/paradox); umgangssprachlich wird etwas als paradox angesehen, das *sehr merkwürdig, ganz und gar abwegig, unsinnig* ist.

Paradoxien spielten bei der Entwicklung der Stochastik als Teilgebiet der Mathematik eine wichtige Rolle; deshalb werden im ersten Abschnitt einige der damit verbundenen Schwierigkeiten thematisiert. Dass die dort genannten Beispiele heute kaum noch als *paradox* angesehen werden, hängt mit Sicherheit damit zusammen, dass sich der heutige Stochastikunterricht gerade mit diesen Anfangsschwierigkeiten der Mathematiker insbesondere des 16. und 17. Jahrhunderts auseinandersetzt.

Bei der Beschäftigung mit stochastischen Fragestellungen macht man oft die Erfahrung, dass die gestellten Fragen *miss*verstanden werden, d. h., dass die hinter einer Frage stehende Modellbildung falsch interpretiert wird, und sich daher eine intuitive Einschätzung der Wahrscheinlichkeit als fehlerhaft herausstellt. Denn eigentlich ist beispielsweise das Phänomen des Geburtstags- oder des Rencontre-Paradoxons im Sinne eines *unauflöslichen Widerspruchs* gar nicht paradox – die Lösung der Probleme zeigt nur, dass man intuitiv die zugrunde liegende mit einer anderen Frage verwechselt hat.

In dem hier vorliegenden Heft werden zunächst einige der als paradox angesehenen Probleme aus den Anfangsjahren der Stochastik angesprochen. Die weiteren im Text aufgeführten Beispiele von Paradoxien aus unterschiedlichen Bereichen von Wahrscheinlichkeitsrechnung und Statistik sollen dazu anregen, sich intensiver mit der Vielfalt stochastischer Fragestellungen auseinanderzusetzen.

Hinweise auf weiterführende Literatur findet man am Ende des Hefts. Insbesondere wird auch auf die drei Hefte der Reihe *Stochastik kompakt* verwiesen, in denen einige der – auf den ersten Blick – „überraschenden“ oder sogar „verblüffenden“ Einsichten ausführlicher beschrieben werden.

Heinz Klaus Strick

Inhaltsverzeichnis

1 Einige Paradoxien aus den Anfangsjahren der Wahrscheinlichkeitsrechnung

Beschäftigt man sich mit der Geschichte der Wahrscheinlichkeitsrechnung, dann findet man – insbesondere in der Zeit vor 1750 – eine Reihe von Fehlvorstellungen über Zufallsvorgänge und Wahrscheinlichkeitsverteilungen mit der Folge, dass die Abweichungen, die zwischen den Überlegungen und den Erfahrungswerten der Praxis auftraten, den damals lebenden Menschen paradox erschienen.

1.1 Das Augensummenparadoxon

Galileo Galilei wurde Anfang des 17. Jahrhunderts von seinem Fürsten gefragt, warum in der Praxis beim Doppelwurf die Augensumme 9 häufiger auftritt als die Augensumme 10 und beim Dreifachwurf das Umgekehrte, obwohl es jeweils gleich viele Kombinationen für diese Augensummen gibt und deshalb beide Augensummen jeweils gleiche Chancen haben.

Bei diesem Augensummen-Paradoxon wurde so argumentiert:

Die Augensumme 9 und die Augensumme 10 können

- beim Doppelwurf jeweils auf zwei Arten auftreten:

$$9 = 3 + 6 \text{ und } 9 = 4 + 5 \text{ bzw. } 10 = 4 + 6 \text{ und } 10 = 5 + 5$$

beim Dreifachwurf sogar jeweils auf sechs verschiedene Arten:

$$9 = 1 + 2 + 6 \text{ und } 9 = 1 + 3 + 5 \text{ und } 9 = 1 + 4 + 4 \text{ und}$$
$$9 = 2 + 3 + 4 \text{ und } 9 = 2 + 2 + 5 \text{ und } 9 = 3 + 3 + 3$$

bzw.

H. K. Strick, *Stochastische Paradoxien*, essentials,
https://doi.org/10.1007/978-3-658-29583-7_1

$$10 = 1 + 3 + 6 \text{ und } 10 = 1 + 4 + 5 \text{ und } 10 = 2 + 2 + 6 \text{ und}$$
$$10 = 2 + 3 + 5 \text{ und } 10 = 2 + 4 + 4 \text{ und } 10 = 3 + 3 + 4.$$

Galilei konnte dieses scheinbare Paradoxon aufklären, indem er darauf hinwies, dass die Augenzahlen der zwei bzw. drei Würfel jeweils für sich betrachtet werden müssen, sodass – in unserer heutigen Sprache – Paare bzw. Tripel von Augenzahlen zu untersuchen sind (und nicht einfach nur die Summen).

Somit ergeben sich beim zweifachen Würfeln

- für Augensumme 9 die *vier* Paare (3; 6), (4; 5), (5; 4) und (6; 3),
- für Augensumme 10 hingegen nur die *drei* Paare (4; 6), (5; 5) und (6; 4).

Daher tritt Augensumme 10 nur dreiviertelmal so häufig auf wie Augensumme 9, vgl. die folgende Abb. links.

Beim dreifachen Würfeln gehören 25 Tripel zur Augensumme 9 und 27 Tripel zur Augensumme 10; Augensumme 10 tritt also mit einer etwas größeren Wahrscheinlichkeit auf als Augensumme 9, vgl. die folgende Abb. rechts.

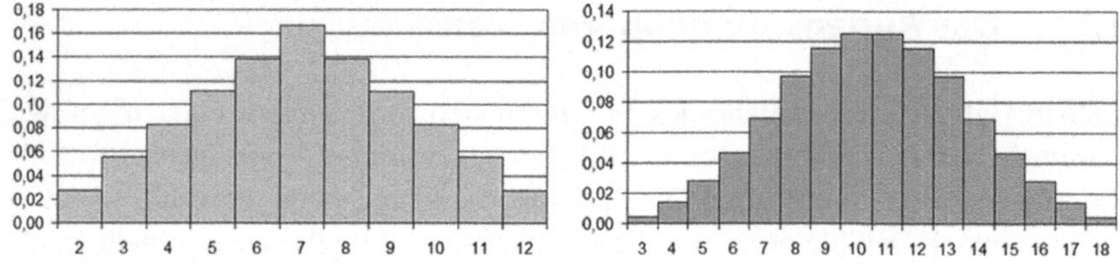

1.2 d'Alemberts Paradoxon

Ein vergleichbarer Fehler unterlief Jean-Baptiste le Rond d'Alembert in seiner berühmten Enzyklopädie, die er zusammen mit Denis Diderot in der Mitte des 18. Jahrhunderts herausgab.

Für das Problem

- Wie groß ist die Wahrscheinlichkeit, dass beim zweifachen Münzwurf mindestens einmal Wappen fällt?

findet man in seiner Enzyklopädie die Lösung $\frac{2}{3}$, da ja – wie er argumentierte – zwei der drei möglichen Fälle *Zahl-Zahl, Zahl-Wappen* und *Wappen-Wappen* günstig sind. Dass man bei häufiger Wiederholung jedoch eine relative Häufigkeit von ungefähr 75 % findet, hielt er für paradox.

D'Alembert beachtete nicht, dass es beim zweifachen Münzwurf *vier* mögliche Paare gibt: (Z; Z), (Z; W), (W; Z) und (W; W), wovon *drei* zum Ereignis *mindestens einmal Wappen* gehören.

1.3 Das Würfelparadoxon des Chevalier de Méré

Im Jahr 1654 wandte sich Antoine Gombaud Chevalier de Méré an Blaise Pascal, weil ihm die Lösung eines stochastischen Problems paradox vorkam. Dies war – historisch gesehen – vermutlich die erste Begebenheit, in der von einer stochastischen Paradoxie die Rede war. Bei diesem sog. Paradoxon des Chevalier de Méré handelt es sich um die folgende Frage:

- Warum lohnt es sich darauf zu wetten, dass beim 4-fachen Würfeln mindestens eine Sechs fällt, aber nicht darauf, dass beim 24-fachen Doppelwurf mindestens ein 6er-Pasch auftritt?

De Méré hielt es für paradox, dass die beiden betrachteten Ereignisse unterschiedliche Wahrscheinlichkeiten haben, obwohl doch die Erwartungswerte in beiden Zufallsversuchen übereinstimmen:

Erwartungswert der Anzahl der Sechsen beim 4-fachen Würfeln $= 4 \cdot \frac{1}{6} = \frac{2}{3}$

Erwartungswert der Anzahl der Sechser-Paschs beim 24-fachen Doppelwurf $= 24 \cdot \frac{1}{36} = \frac{2}{3}$

Aus heutiger Sicht erscheint dies wenig paradox, denn – anders als de Méré – kennen wir den notwendigen Kalkül zur Bestimmung der Wahrscheinlichkeitsverteilungen bzw. der Wahrscheinlichkeiten für die betrachteten Ereignisse.

Die beiden Verteilungen haben zwar an der gleichen Stelle ihr Maximum, sind aber ansonsten verschieden.

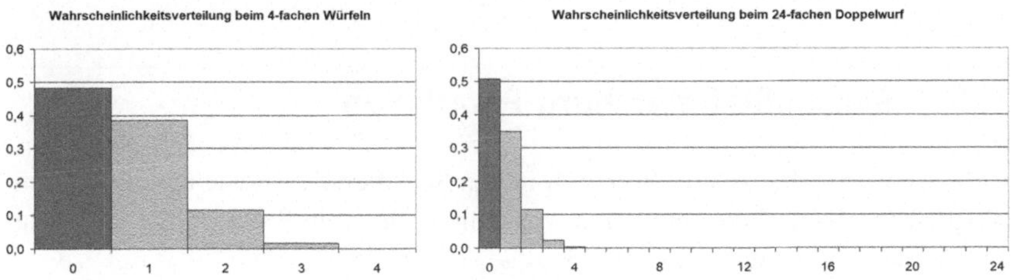

Die Wahrscheinlichkeiten der betrachteten Ereignisse berechnen wir mithilfe der Pfadregeln und der Komplementärregel:

$$\text{P(mindestens eine Sechs)} = 1 - \text{P(keine Sechs)} = 1 - \left(\tfrac{5}{6}\right)^4 \approx 0{,}518$$

$$\text{P(mindestens ein Sechserpasch)} = 1 - \text{P(kein Sechserpasch)} = 1 - \left(\tfrac{35}{36}\right)^{24} \approx 0{,}491$$

Erstaunlich ist höchstens, dass de Méré damals in der Lage war, diese Wahrscheinlichkeiten zu berechnen, denn dieser geringe Unterschied zwischen den Wahrscheinlichkeiten ist kaum empirisch (also aufgrund langer Versuchsreihen) nachweisbar.

Dass es bei bestimmten Fragestellungen tatsächlich einen proportionalen Zusammenhang zwischen der Wahrscheinlichkeit p, die einem Versuch zugrunde liegt, und dem Erwartungswert μ gibt, kennt man von Bernoulli-Versuchen:

Liegt einem Versuch die Erfolgswahrscheinlichkeit p zugrunde, dann berechnet sich der Erwartungswert μ der Anzahl der Erfolge mithilfe von $\mu = n \cdot p$. Beim 6-fachen Würfeln ist der Erwartungswert μ der Anzahl der Sechsen gleich $\mu = 6 \cdot \frac{1}{6} = 1$. Den Erwartungswert $\mu = 1$ erhält man auch für $n = 36$ Doppelwürfe (also bei der 6-fachen Anzahl von Würfen) und für die Erfolgswahrscheinlichkeit $p = \frac{1}{36}$ für einen Sechserpasch.

Die Proportionalität wird bei den mittleren Wartezeiten beim einfachen Würfel deutlich:

Diese mittlere Wartezeit bis zum ersten Auftreten einer Sechs ist gleich

$$1 \cdot \tfrac{1}{6} + 2 \cdot \tfrac{5}{6} \cdot \tfrac{1}{6} + 3 \cdot \left(\tfrac{5}{6}\right)^2 \cdot \tfrac{1}{6} + 4 \cdot \left(\tfrac{5}{6}\right)^3 \cdot \tfrac{1}{6} + \ldots = 6$$

und analog ist die mittlere Wartezeit bis zum ersten Auftreten einer Doppelsechs beim Doppelwurf gleich

$$1 \cdot \tfrac{1}{36} + 2 \cdot \tfrac{35}{36} \cdot \tfrac{1}{36} + 3 \cdot \left(\tfrac{35}{36}\right)^2 \cdot \tfrac{1}{26} + 4 \cdot \left(\tfrac{35}{36}\right)^3 \cdot \tfrac{1}{36} + \ldots = 36,$$

also sechsmal so groß wie beim Werfen eines einfachen Würfels.

1.4 Bernoullis Petersburg-Paradoxon

1738 veröffentlichte Daniel Bernoulli in den Schriften der Akademie der Wissenschaften von Sankt Petersburg eine Abhandlung über ein Problem, das sein Cousin Nikolaus Bernoulli im Jahr 1713 aufgeworfen hatte.

In einem Spielcasino wird ein Spiel angeboten, bei dem eine (faire) Münze so lange geworfen wird, bis *Wappen* erscheint. Fällt *Wappen*

- beim ersten Wurf, erhält der Spieler zwei Dukaten ausgezahlt,
- beim zweiten Wurf, den doppelten Betrag, also vier Dukaten,
- beim dritten Wurf, hiervon wieder den doppelten Betrag, also acht Dukaten, usw.

Theoretisch kann dieses Spiel unendlich lange dauern.

Der Erwartungswert der Auszahlung berechnet sich dann wie folgt:

$$\tfrac{1}{2} \cdot 2 + \tfrac{1}{4} \cdot 4 + \tfrac{1}{8} \cdot 8 + \tfrac{1}{16} \cdot 16 + \ldots = 1 + 1 + 1 + 1 + \ldots = \infty$$

Im Mittel ist also ein unendlich großer Gewinn zu erwarten.

Daher sollte man jeden Spieleinsatz, beispielsweise 10 oder auch 100 Dukaten akzeptieren, da ja der zu erwartende Gewinn unendlich groß ist.

In der Auseinandersetzung mit der „Lösung“ des Problems wurden verschiedene Argumente formuliert, die man beispielsweise bei Haller, S. 239–257, nachlesen kann;

u. a. wurden genannt:

- „Kein vernünftiger Mensch“ würde einen allzu großen Betrag als Spieleinsatz zahlen.
- Kein Spielcasino verfügt über beliebig hohe Kassenbestände, die ausgezahlt werden müssten, wenn *Wappen* erst sehr spät erscheint.
- Es ist unrealistisch, dass eine Münze unendlich oft geworfen werden kann.

Vernünftig wäre es, ein solches Spiel auf eine Maximalzahl von Würfen zu beschränken, sodass sich ein endlicher zu erwartender Auszahlungsbetrag ergibt, von dem wiederum ein angemessener Spieleinsatz abgeleitet werden kann.

2 Paradoxien bei bedingten Wahrscheinlichkeiten

Das sicherlich bekannteste stochastische Paradoxon ist als **Ziegenproblem** oder **Drei-Türen-Paradoxon** in die Fachliteratur eingegangen.

Hintergrund dieses Problems ist eine Situation, in der der Moderator in der amerikanischen Fernsehshow *Let's make a deal* den Wettkandidaten vor die Entscheidung stellt, bei seiner bisherigen Auswahl zu bleiben oder diese zu ändern:

> In der Endrunde der Fernsehshow hat der Kandidat die Chance, ein Luxusauto zu gewinnen. Ihm werden drei Türen gezeigt – hinter einer der Türen steht das Auto, hinter zwei Türen ist jeweils eine Ziege versteckt (dies sind die „Nieten" in dem Wettspiel).
>
> Nachdem sich der Kandidat für eine der drei Türen entschieden hat, ist der Moderator wieder an der Reihe: Er öffnet eine der beiden anderen Türen, natürlich eine Tür, hinter der eine Ziege versteckt ist.
>
> Dann fragt er den Kandidaten, ob dieser bei seiner ursprünglichen Wahl der Tür bleiben oder seine Entscheidung ändern möchte.
>
> Verbessert der Kandidat seine Gewinnchancen, wenn er sich für die andere Tür entscheidet?

Die Journalistin Marilyn vos Savant behauptete, dass der Kandidat durch einen Wechsel der Tür seine Gewinnchancen verdoppeln würde, und löste damit einen wochenlangen Leserbriefstreit aus, der auch in Deutschland viele Menschen bewegte.

H. K. Strick, *Stochastische Paradoxien*, essentials,
https://doi.org/10.1007/978-3-658-29583-7_2

Es zeigte sich dabei, dass die ursprüngliche Formulierung des Problems, also die Bedingungen hinsichtlich des Entscheidungsvorgänge, Spielraum für unterschiedliche Interpretationen geben.

Diese verschiedenen Varianten sind in der o. a. Formulierung nicht vorgesehen. Bzgl. der Darstellung der Problemgeschichte, der unterschiedlichen Interpretationen der Aufgabenstellung und der zugehörigen Lösungen sei verwiesen auf den umfassenden Wikipedia-Artikel (https://de.wikipedia.org/wiki/Ziegenproblem).

Bevor wir auf die Lösung des Problems eingehen, soll an einem einfachen Beispiel verdeutlicht werden, dass sich die Gewinnchancen in einer Wettsituation verändern können, wenn vor der endgültigen Entscheidung eine geeignete zusätzliche Information gegeben wird.

Beispiel: Spiel mit drei besonderen Karten

Bei einem Spiel werden drei Spielkarten von gleicher Größe verwendet. Die erste Karte ist auf beiden „Seiten“ rot (Bezeichnung der Karte: RR), die zweite Karte ist auf beiden Seiten blau (BB), und die dritte Karte ist auf der einen Seite rot und auf der anderen Seite blau (RB).

Die drei Karten werden gemischt und beliebig gedreht. Eine Karte wird verdeckt gezogen und so auf den Tisch gelegt, dass man nur die Farbe der Oberseite dieser Karte sehen kann.

Offensichtlich gilt: Die Wahrscheinlichkeit, dass

- die ausgewählte Karte auf beiden Seiten rot ist, beträgt $P(RR) = \frac{1}{3}$ (denn nur eine der drei Karten hat zwei rote Seiten),
- die Farbe der sichtbaren Oberseite rot ist, beträgt $P(rot) = \frac{1}{2}$ (denn drei der sechs Kartenseiten sind rot).

Angenommen, die Oberseite dieser Karte ist rot. Mit welcher Wahrscheinlichkeit ist auch die Unterseite der Karte rot?

Diese *bedingte* Wahrscheinlichkeit ist $P_{\mathrm{rot}}(RR) = \frac{2}{3}$.

In dem Augenblick, in dem die Karte auf den Tisch gelegt wird, also die Farbe auf der Oberseite sichtbar ist, verdoppelt sich die Wahrscheinlichkeit dafür, dass es sich um die Karte RR handelt.

Diese Überlegungen lassen sich auch mithilfe eines Baumdiagramms (links) und des zugehörigen umgekehrten Baumdiagramms (rechts) darstellen.

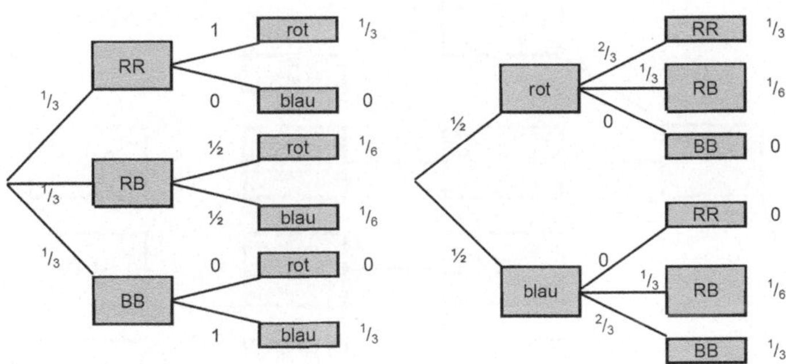

Zurück zum **Drei-Türen-Problem:**

Im folgenden Baumdiagramm (vgl. Abb. 2.1) sind alle Möglichkeiten festgehalten, wie das Spiel ablaufen kann:

Auf der 1. Stufe des Baumdiagramms ist eingetragen, hinter welcher Tür das Auto versteckt ist (Zufallsauswahl durch den Veranstalter),

auf der 2. Stufe die Auswahl der Tür durch den Kandidaten (Zufallsauswahl, da der Kandidat keine weiteren Informationen hat),

auf der 3. Stufe ist angegeben, welche Tür durch den Moderator geöffnet wird.

Dies geschieht nach folgendem Prinzip: Wenn der Kandidat zufällig die richtige Tür mit dem Hauptgewinn ausgewählt hat, kann sich der Moderator beliebig zwischen den beiden anderen Türen entscheiden; wenn der Kandidat eine der beiden Ziegentüren ausgewählt hat, *muss* der Moderator die andere Ziegentür öffnen.

In den hinter dem Baumdiagramm stehenden Spalten ist festgehalten, in welchen Fällen der Kandidat ein Auto oder eine Ziege (Niete) gewinnt – je nachdem, ob er seine Auswahl wechselt oder ob er bei seiner bisherigen Auswahl bleibt.

Aus diesen beiden Spalten ist ablesbar, dass die Wechselstrategie die günstigere für den Kandidaten ist, er damit also mit einer Wahrscheinlichkeit von $\frac{2}{3}$ das Auto gewinnt.

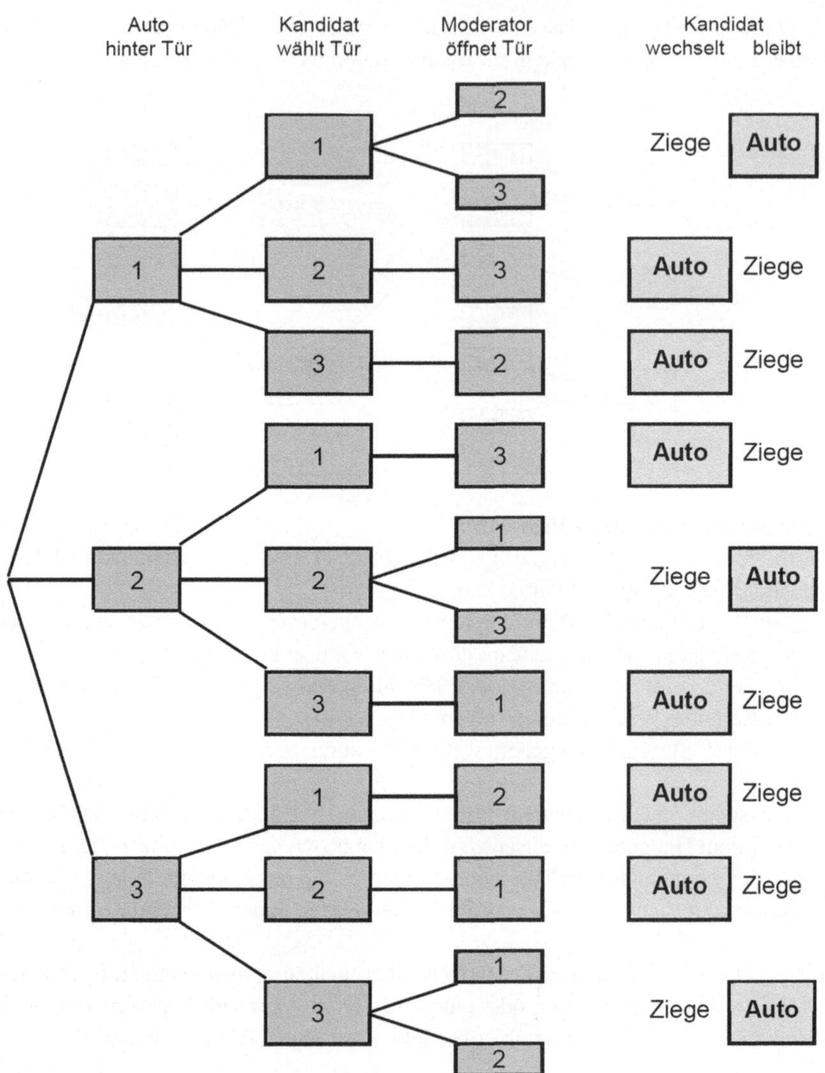

Abb. 2.1 Entscheidungsbaum zum Drei-Türen-Problem

Paradoxon bzgl. der Gewinnchancen in einer Lotterie

3

Bei der Berechnung von Wahrscheinlichkeiten im Zusammenhang mit Ziehvorgängen muss man beachten, ob es sich bei dem Zufallsversuch um ein Ziehen *mit* oder um ein Ziehen *ohne Zurücklegen* handelt.

Da sich beim Ziehen *ohne Zurücklegen* der Inhalt des Ziehungsgefäßes ändert, muss auf jeder weiteren Stufe die Wahrscheinlichkeit für ein interessierendes Ergebnis neu berechnet werden (mithilfe der Laplace-Regel).

Bei Lotterien, bei denen nur ein Hauptpreis zu gewinnen ist, entspinnt sich oft eine Diskussion über eine geeignete Strategie: Manche wollen möglichst früh das Los ziehen, da sie der Ansicht sind, dass sie am Anfang größere Chancen haben zu gewinnen. Andere gehen davon aus, dass ihre Chancen steigen, wenn sie möglichst lange warten.

Tatsächlich ist es so, dass die Wahrscheinlichkeit, das Gewinnlos für den Hauptgewinn zu ziehen, für alle Teilnehmer der Lotterie gleich groß ist (vorausgesetzt, jeder darf nur ein Los erwerben).

Warum dies so ist, kann man der folgenden Beispielrechnung entnehmen:

Beispiel: Gewinnwahrscheinlichkeit in einer Lotterie

In einer Lostrommel sind neun Nieten und ein Gewinnlos. Nacheinander darf jede der zehn Personen ein Los ziehen.

- Wie groß ist für die einzelnen Personen die Wahrscheinlichkeit, das Gewinnlos zu ziehen?

H. K. Strick, *Stochastische Paradoxien*, essentials,
https://doi.org/10.1007/978-3-658-29583-7_3

Die Wahrscheinlichkeiten ergeben sich wie folgt (gemäß Pfadregeln):

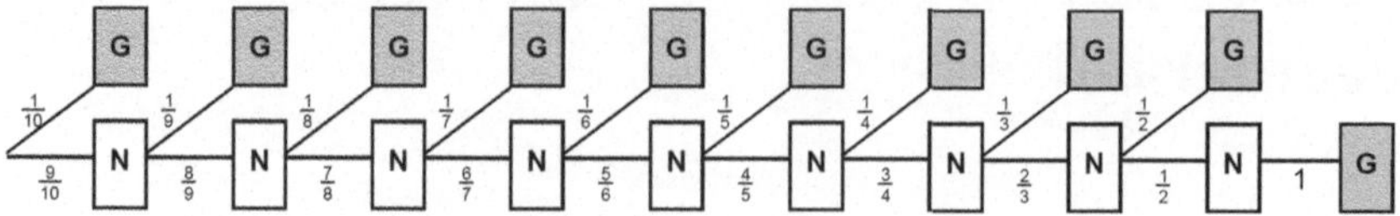

P(die 1. Person zieht das Gewinnlos)$=\frac{1}{10}$
P(die 2. Person zieht das Gewinnlos)$=\frac{9}{10}\cdot\frac{1}{9}=\frac{1}{10}$
P(die 3. Person zieht das Gewinnlos)$=\frac{9}{10}\cdot\frac{8}{9}\cdot\frac{1}{8}=\frac{1}{10}$
...
P(die 9. Person zieht das Gewinnlos)$=\frac{9}{10}\cdot\frac{8}{9}\cdot\frac{7}{8}\cdot\frac{6}{7}\cdot\frac{5}{6}\cdot\frac{4}{5}\cdot\frac{3}{4}\cdot\frac{2}{3}\cdot\frac{1}{2}=\frac{1}{10}$
P(die 10. Person zieht das Gewinnlos)$=\frac{9}{10}\cdot\frac{8}{9}\cdot\frac{7}{8}\cdot\frac{6}{7}\cdot\frac{5}{6}\cdot\frac{4}{5}\cdot\frac{3}{4}\cdot\frac{2}{3}\cdot\frac{1}{2}\cdot 1=\frac{1}{10}$

Dass also alle Teilnehmer der Lotterie die gleiche Chance haben, das Gewinnlos zu ziehen, kann übrigens durch eine kleine Änderung der Versuchsdurchführung eingesehen werden:

Die Lose tragen alle eine Nummer (1, 2, ..., 10); jeder zieht ein Los. Anschließend wird durch ein Glücksrad festgelegt, auf welches Los der Hauptgewinn fällt.

Warum dies vielen **paradox** erscheint, hängt damit zusammen, dass Wahrscheinlichkeiten verwechselt werden: Von Stufe zu Stufe verändert sich die *bedingte* Wahrscheinlichkeit für das Ziehen des Gewinnloses:

Beispielsweise bedeutet die Wahrscheinlichkeit $\frac{1}{5}$ für das Ziehen des Gewinnloses nach fünf Ziehungen nicht $P(G)=\frac{1}{5}$, sondern $P_{NNNNN}(G)=\frac{1}{5}$.

Allgemein gilt: Wenn das Gewinnlos k-mal nicht gezogen wurde, ist die bedingte Wahrscheinlichkeit, dass es bei der nächsten Ziehung gezogen wird, gleich $\frac{1}{10-k}$.

Im Laufe der Ziehung werden diese bedingten Wahrscheinlichkeiten zwar größer, aber es gilt stets: $P(G)=P(NG)=P(NNG)=\ldots=P(NN\ldots NG)=\frac{1}{10}$

Die Überlegungen gelten auch für folgende Aufgabenvariante:

Beispiel: Glücksspiel für zwei Personen

In einer Lostrommel sind neun Nieten und ein Gewinnlos. Zwei Personen A und B ziehen abwechselnd ein Los, also in der Reihenfolge A-B-A-B-A-B-A-B-A-B.

- Hat A eine größere Wahrscheinlichkeit, das Gewinnlos zu ziehen?

Nach den o. a. Ausführungen ist klar, dass beide Spieler gleich große Gewinnchancen haben.

Man beachte, dass nur deshalb gleiche Chancen bestehen, weil hier ein Ziehen ohne Zurücklegen durchgeführt wird: Statt den Gewinner des Lotteriespiels durch Ziehen von Losen (also durch Ziehen *ohne* Zurücklegen) zu ermitteln, könnte dies auch mithilfe eines Glücksrads geschehen (also durch Ziehen *mit* Zurücklegen).

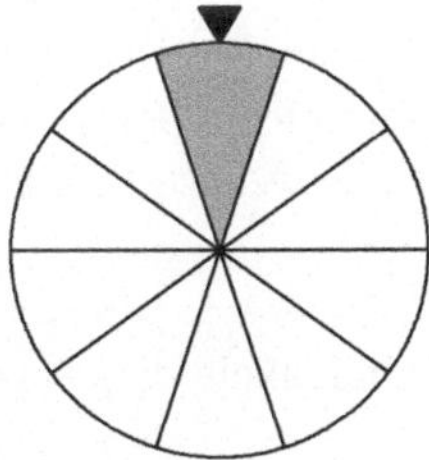

Organisatorischer Vorteil dieser Methode ist, dass nicht von vornherein die Teilnehmerzahl an dieser Lotterie festgelegt werden muss. Alle Teilnehmer haben vermeintlich gleiche Chancen, den Hauptgewinn zu gewinnen, denn die Wahrscheinlichkeit, dass der Zeiger auf dem Gewinnfeld des Glücksrads stehen bleibt, ändert sich nicht.

Auch hier gilt: Wenn der Gewinnfall eingetreten ist, ist das Spiel beendet.

Allerdings kann man nicht wie oben den Ablauf dahingehend abändern, dass nachträglich erst ermittelt wird, wer gewonnen hat, indem der Gewinnsektor erst festgelegt wird, wenn alle Teilnehmer das Glücksrad gedreht haben; denn es könnte bei einer solchen Art der Ermittlung des glücklichen Gewinners durchaus sein, dass noch niemand gewonnen hat, aber auch, dass mehrere gewonnen haben …

Für die Gewinnwahrscheinlichkeit gilt:

$\text{P(die 1. Person gewinnt)} = \frac{1}{10}$

$\text{P(die 2. Person gewinnt)} = \frac{9}{10} \cdot \frac{1}{10} = \frac{9}{100}$

$\text{P(die 3. Person gewinnt)} = \left(\frac{9}{10}\right)^2 \cdot \frac{1}{10} = \frac{81}{1000}$

$\text{P(die 4. Person gewinnt)} = \left(\frac{9}{10}\right)^3 \cdot \frac{1}{10} = \frac{729}{10000}$

…

Hier gilt also: Wer als Erster das Glücksrad drehen darf, hat die größeren Gewinnchancen.

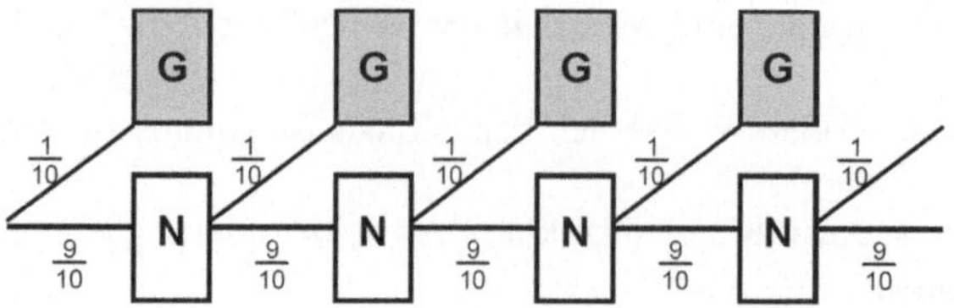

Für den Fall, dass nur zwei Personen am Spiel beteiligt sind, gilt:

Beispiel: Glückspiel für zwei Personen

Auf einem Glücksrad sind zehn gleich große Sektoren. Ein Spieler hat gewonnen, wenn der Zeiger auf einem bestimmten Sektor stehen bleibt. Zwei Personen (A und B) drehen abwechselnd das Glücksrad solange, bis der Gewinnfall eingetreten ist.

- Wie groß ist die Wahrscheinlichkeit, dass A gewinnt?

$$\begin{aligned}P(\text{A gewinnt}) &= \tfrac{1}{10} + \left(\tfrac{9}{10}\right)^2 \cdot \tfrac{1}{10} + \left(\tfrac{9}{10}\right)^4 \cdot \tfrac{1}{10} + \left(\tfrac{9}{10}\right)^6 \cdot \tfrac{1}{10} + \ldots \\ &= \tfrac{1}{10} \cdot \frac{1}{1-\left(\frac{9}{10}\right)^2} = \tfrac{10}{19}\end{aligned}$$

Hinweis: Die Wahrscheinlichkeit kann auch ohne Kenntnisse über geometrische Reihen ermittelt werden: Aus der Beziehung

$P(\text{A gewinnt}) = \tfrac{1}{10} + \left(\tfrac{9}{10}\right)^2 \cdot \tfrac{1}{10} + \left(\tfrac{9}{10}\right)^4 \cdot \tfrac{1}{10} + \left(\tfrac{9}{10}\right)^6 \cdot \tfrac{1}{10} + \ldots$ und

$$\begin{aligned}P(\text{B gewinnt}) &= \left(\tfrac{9}{10}\right)^1 \cdot \tfrac{1}{10} + \left(\tfrac{9}{10}\right)^3 \cdot \tfrac{1}{10} + \left(\tfrac{9}{10}\right)^5 \cdot \tfrac{1}{10} + \ldots = \\ &\tfrac{9}{10} \cdot \left[\tfrac{1}{10} + \left(\tfrac{9}{10}\right)^2 \cdot \tfrac{1}{10} + \left(\tfrac{9}{10}\right)^4 \cdot \tfrac{1}{10} + \ldots\right] = \tfrac{9}{10} \cdot P(\text{A gewinnt})\end{aligned}$$

erhält man wegen $P(\text{A gewinnt}) + P(\text{B gewinnt}) = 1$

die Gleichung $\tfrac{19}{10} \cdot P(\text{A gewinnt}) = 1$ und somit

$P(\text{A gewinnt}) = \tfrac{10}{19} \approx 52{,}6\ \%$ und $P(\text{B gewinnt}) = \tfrac{9}{19} \approx 47{,}4\ \%$.

4 Paradoxien im Zusammenhang mit medizinischen Schnelltests

Wenn man sich mit der tatsächlichen Bedeutung der *Sensitivität* und der *Spezifität* bei medizinischen Schnelltests noch nicht beschäftigt hat, wird man leicht an der Brauchbarkeit dieser Tests zweifeln: Trotz hoher Werte sowohl von Sensitivität als auch Spezifität kann die Zuverlässigkeit des Tests sehr niedrig sein.

Beispiel Laktosetoleranztest

Bei diesem häufig angewandten Testverfahren nehmen die Testpersonen eine gewisse Flüssigkeitsmenge auf, in der Milchzucker aufgelöst ist. Dann wird über mehrere Stunden der Wasserstoffgehalt der Atemluft beim Ausatmen bestimmt und mit einem Normwert verglichen.

Sensitivität des Testverfahrens: Bei 95 % der Patienten, bei denen tatsächlich eine Laktose-Intoleranz vorliegt, liegt auch der Messwert *über* dem Normwert.

Spezifität des Testverfahrens: Bei 98 % der Patienten, die *nicht* unter Laktose-Intoleranz leiden, liegt der Messwert *unter* dem Normwert.

Bei der Durchführung des Schnelltests können *falsch-negative* und *falsch-positive* Testergebnisse auftreten: Es kann vorkommen, dass der Messwert

- *unter* dem Normwert liegt, obwohl eine Laktose-Intoleranz vorliegt (Wahrscheinlichkeit 5 %) bzw.
- *über* dem Normwert liegt, obwohl *keine* Laktose-Intoleranz vorliegt (Wahrscheinlichkeit 2 %).

H. K. Strick, *Stochastische Paradoxien*, essentials,
https://doi.org/10.1007/978-3-658-29583-7_4

Ausgehend von einem Anteil von 15 % Personen in der Gesamtbevölkerung, bei denen eine Laktose-Intoleranz vorliegt (sog. **Prävalenz** des Tests), ergibt sich die folgende Darstellung in einem Baumdiagramm (links) und hieraus die zugehörige Vierfeldertafel mit Anteilen (rechts):

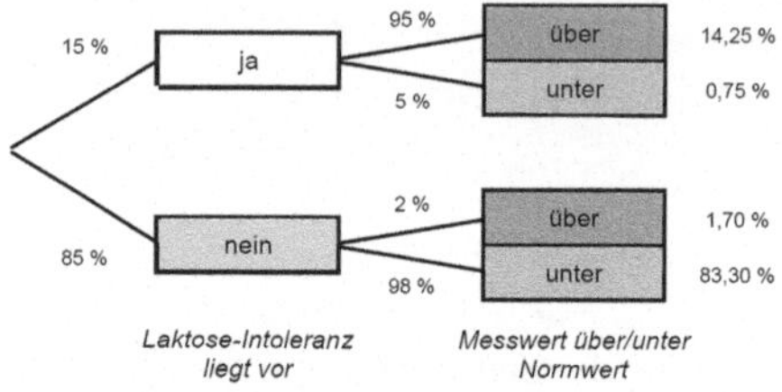

		Messwert über/unter Normwert		gesamt
		über	unter	
Laktose-Intoleranz liegt vor	ja	14,25 %	0,75 %	15,0 %
	nein	1,70 %	83,30 %	85,0 %
gesamt		15,95 %	84,05 %	100 %

Was die ermittelten Anteile bedeuten, kann man sich besser vorstellen, wenn man eine Vierfeldertafel mit absoluten Häufigkeiten betrachtet, beispielsweise bezogen auf 10.000 Personen, bei denen dieser Test durchgeführt wird (vgl. die folgende Abb. links).

Aus dem *umgekehrten* Baumdiagramm (vgl. die folgende Abb. rechts) ergibt sich dann bei den getesteten Patienten ein paradox hoch erscheinender Anteil von 10,7 %, die fälschlicherweise davon ausgehen, dass bei ihnen eine Laktose-Intoleranz vorliegt. Diese stellen möglicherweise ihre Essgewohnheiten um, kaufen die teuren Laktose-freien Lebensmittel usw.

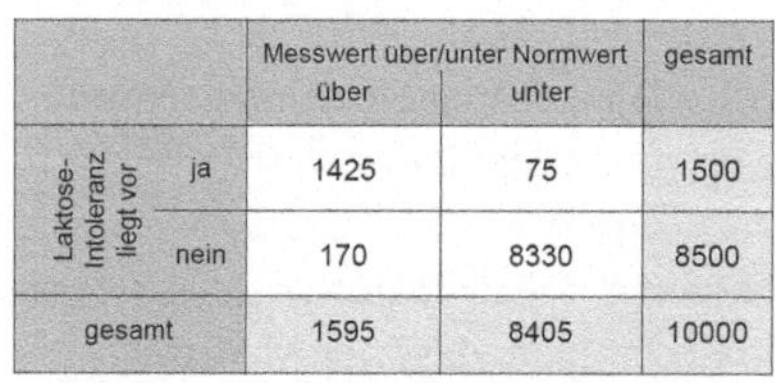

		Messwert über/unter Normwert		gesamt
		über	unter	
Laktose-Intoleranz liegt vor	ja	1425	75	1500
	nein	170	8330	8500
gesamt		1595	8405	10000

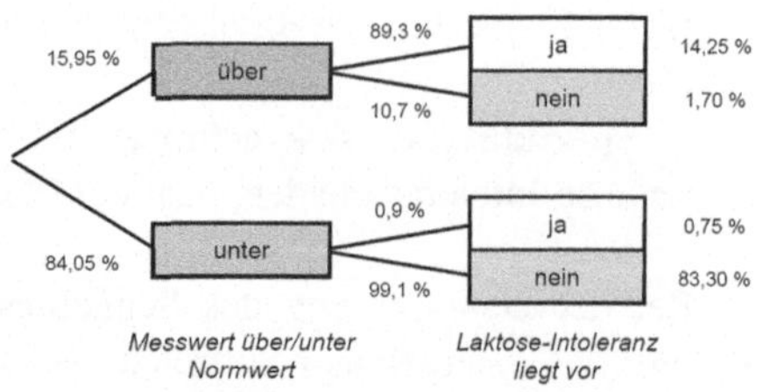

Dass diese Wahrscheinlichkeit so groß ist, hängt damit zusammen, dass eine erheblich größere Bevölkerungsgruppe *nicht* unter einer Laktose-Intoleranz leidet und daher die 2 % falsch-positiven Fälle vergleichsweise stark ins Gewicht fallen (vgl. die o. a. Vierfeldertafel mit absoluten Häufigkeiten).

Übrigens: Der Schnelltest wird trotz des hohen Anteils falsch-positiver Ergebnisse weiterhin durchgeführt – ist das nicht auch paradox?

Tatsächlich sprechen zwei Argumente für den Schnelltest:

- Die Durchführung ist vergleichsweise kostengünstig.
- Das Verfahren eignet sich dazu, das Vorliegen einer Laktose-Intoleranz *auszuschließen;* denn die Probanden, deren Messwert *unter* dem Normwert liegt, können fast sicher sein (Wahrscheinlichkeit 99,1 %), dass bei ihnen *keine* Laktose-Intoleranz vorliegt. Und nur in seltenen Fällen – nämlich mit Wahrscheinlichkeit 0,9 % – wird eine tatsächlich vorliegende Laktose-Intoleranz durch den Schnelltest *nicht* erkannt.

Dass uns die o. a. Wahrscheinlichkeit von 10,7 % paradox groß erscheint, hängt mit dem Verwechseln von zwei verschiedenen bedingten Wahrscheinlichkeiten zusammen:

Bezeichnet man mit $L+$ bzw. mit $L-$ das Ereignis, dass eine Laktose-Intoleranz vorliegt bzw. nicht vorliegt, und mit $M+$ bzw. $M-$ das Ereignis, dass der Messwert über bzw. unter dem Normwert liegt, dann gelten die folgenden bedingten Wahrscheinlichkeiten:

$P_{L-}(M+) = 0{,}02$ sowie $P_{M+}(L-) = 0{,}107$.

Im ersten Fall wird die Gesamtheit aller Personen betrachtet, die *nicht* unter der Laktose-Intoleranz leiden ($L-$):

$P_{L-}(M+) = 0{,}02$ bedeutet, dass bei jedem Fünfzigsten aus dieser Gruppe der Messwert über dem Normwert liegt.

Im zweiten Fall die Gesamtheit aller Personen, bei denen der Messwert aus dem Testverfahren oberhalb des Normwerts liegt ($M+$):

$P_{M+}(L-) = 0{,}107$ bedeutet, dass ungefähr bei jedem Zehnten aus dieser Gruppe keine Laktose-Intoleranz vorliegt.

Paradoxien im Zusammenhang mit den Gesetzmäßigkeiten des Zufalls

5

Wer es noch nicht versucht hat, wird sich darüber wundern, wie schwierig der *Münzwurf im Kopf* ist, also das Bemühen, einen realen Zufallsversuch durch „spontane" Überlegungen zu ersetzen, mit welcher Häufigkeit und in welcher Abfolge Wappen und Zahl bei einem Münzwurf fallen könnten, ohne dass dies als ungewöhnlich auffällt.

5.1 Fehleinschätzung bzgl. der Anzahl und der Länge von Runs

Im Allgemeinen neigen Menschen, die aufgefordert werden, eine Münze im Kopf zu werfen, dazu, öfter zwischen Wappen und Zahl zu wechseln, als dies tatsächlich *zufällig* geschehen würde.

Beispielsweise sind bei einem 12-fachen Münzwurf 6,5 *Runs* (=Abfolgen von W bzw. Z) zu erwarten (Erwartungswert).

Beispiele von 12-fachen Münzwürfen

1	2	3	4	5	6	7	8	9	10	11	12	Anzahl der Runs	Länge der Runs
Z	W	W	Z	W	W	W	Z	W	Z	W	W	8	1,2,1,3,1,1,1,2
Z	W	W	W	W	Z	Z	W	W	Z	Z	Z	5	1,4,2,2,3
W	W	Z	Z	Z	Z	W	W	Z	W	Z	W	7	2,4,2,1,1,1,1
Z	W	W	W	W	W	Z	Z	Z	W	W	W	4	1,5,3,3
Z	Z	W	W	Z	Z	Z	W	W	Z	Z	W	6	2,2,3,2,2,1

H. K. Strick, *Stochastische Paradoxien*, essentials,
https://doi.org/10.1007/978-3-658-29583-7_5

Die Wahrscheinlichkeit, dass bei einem solchen Zufallsversuch maximal sieben Runs auftreten, beträgt ca. 89 %. Erfahrungsgemäß geben deutlich mehr als die theoretisch zu erwartenden 11 % der Probanden eines *Münzwurfs im Kopf* eine Münzwurffolge mit mehr als sieben Runs an.

Außerdem ist es eher wahrscheinlich, dass bei einem 12-fachen Münzwurf Runs auftreten, die die Länge 4 haben oder noch sogar länger sind. Auch hier zeigt sich bei den *Münzwürfen im Kopf*, dass bei der überwiegenden Zahl der Probanden nur Runs der Länge 1, 2 oder 3 auftraten, obwohl die Wahrscheinlichkeit hierfür kleiner als 50 % ist.

Für Einzelheiten sei auf Strick (2018b) und Strick (2019) verwiesen.

5.2 Geburtstagsparadoxon und Wartezeit-Paradoxon bei der vollständigen Serie

Zu den Erfahrungen mit Zufallsversuchen gehört auch die folgende überraschende Einsicht:

> Bei Zufallsversuchen wiederholen sich Ergebnisse schneller als vermutet; daher kommt es schneller zu Wiederholungen, als es „dem Gefühl nach" erwartet wird, und es dauert länger, als man „intuitiv" denkt, bis jedes mögliche Ergebnis mindestens einmal aufgetreten ist.

Beim sog. *klassischen Geburtstagsproblem* geht es um das Phänomen, dass die Wahrscheinlichkeit über 50 % ist, unter 23 zufällig ausgewählten Personen zwei (oder sogar mehr) zu finden, die am gleichen Tag im Jahr Geburtstag haben.

Allgemein wird in diesem Zusammenhang die Frage untersucht, wie viele Personen man nacheinander auswählen muss, bis man zu einer Person kommt, die am gleichen Tag Geburtstag hat wie irgendeine Person, die zuvor erfasst wurde.

Beispiel Klassisches Geburtstagsproblem

Die Wahrscheinlichkeit, dass 23 zufällig ausgewählte Personen *lauter verschiedene* Geburtstage haben, beträgt $\frac{365}{365} \cdot \frac{364}{365} \cdot \frac{363}{365} \cdot \frac{362}{365} \cdot \ldots \cdot \frac{344}{365} \cdot \frac{343}{365} \approx 49{,}3\ \%$.

Die Wahrscheinlichkeit, dass unter 23 zufällig ausgewählten Personen *mindestens zwei* mit gleichem Geburtstag sind, beträgt daher ca. 50,7 %.

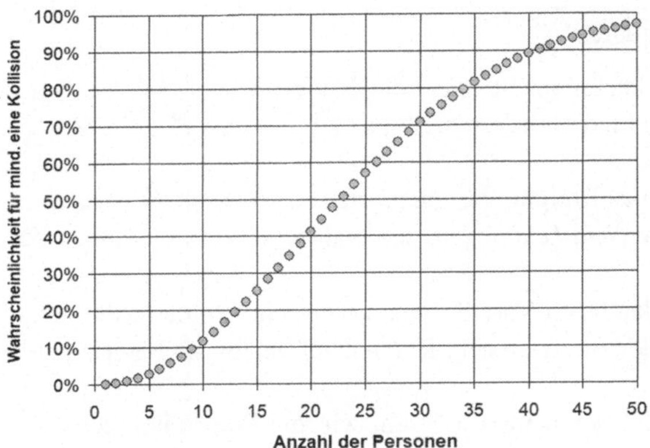

Abb. 5.1 Wahrscheinlichkeit für mindestens zwei Personen mit gleichem Geburtstag

Aus Abb. 5.1 kann man ablesen, wie die Wahrscheinlichkeit für das Ereignis *mindestens zwei Personen mit gleichem Geburtstag* mit der Anzahl der Personen wächst. Wählt man beispielsweise 41 Personen aus, dann ist die Wahrscheinlichkeit, dass mindestens zwei darunter sind, die am gleichen Tag Geburtstag haben, bereits über 90 %.

Dieses Phänomen der Übereinstimmung von Geburtstagen (oder allgemein von Ergebnissen eines Zufallsversuchs) wird allgemein als **Kollision** bezeichnet.

Wer sich mit diesem Problem bisher noch nicht beschäftigt hat und sich darüber wundert, dass die Wahrscheinlichkeit für eine Kollision so groß ist, verwechselt vermutlich die Frage

- *Wie groß ist die Wahrscheinlichkeit, dass mindestens zwei von 23 zufällig ausgewählten Personen am gleichen Tag Geburtstag haben?*

mit der ähnlich klingenden Frage

- *Wie groß ist die Wahrscheinlichkeit, dass von 22 anderen, zufällig ausgewählten Personen mindestens eine Person am gleichen Tag wie ich Geburtstag hat?*

Die Wahrscheinlichkeit für das zuletzt genannte Ereignis beträgt tatsächlich nur $1 - \left(\frac{364}{365}\right)^{22} \approx 0{,}059 = 5{,}9\,\%$.

Beispiel Roulette

Die Wahrscheinlichkeit, dass die Kugel in acht Spielrunden auf lauter verschiedenen Feldern liegen bleibt, ist $\frac{37}{37} \cdot \frac{36}{37} \cdot \frac{35}{37} \cdot \frac{34}{37} \cdot \frac{33}{37} \cdot \frac{32}{37} \cdot \frac{31}{37} \cdot \frac{30}{37} \approx 44{,}3\,\%$.

Daher hat das Ereignis *Bei mindestens zwei der acht Runden bleibt die Kugel auf dem gleichen Feld liegen* eine Wahrscheinlichkeit von ca. 55,7 %.

Man ist also leicht im Vorteil, wenn man beim Roulettespiel darauf wettet, dass die Kugel in den nächsten acht Runden auf einem der Felder mindestens zweimal liegen bleibt.

Aus Abb. 5.2 kann man ablesen, wie die Wahrscheinlichkeit für *mindestens eine Kollision* mit der Anzahl der Spielrunden wächst. Nach 13 Spielrunden ist die Wahrscheinlichkeit für mindestens eine Übereinstimmung der Kugelnummern bereits größer als 90 %.

Näherungsweise kann man mithilfe einer Faustregel die Anzahl der Versuche bestimmen, bei denen die Wahrscheinlichkeit für eine Kollision ca. 50 % beträgt:

Faustregel für das Geburtstagsparadoxon

Wird ein Zufallsversuch mit n verschiedenen gleichwahrscheinlichen Ergebnissen $1{,}2 \cdot \sqrt{n}$ -mal durchgeführt, dann beträgt die Wahrscheinlichkeit, dass mindestens eines der Ergebnisse mindestens zweimal aufgetreten ist, ca. 50 %.

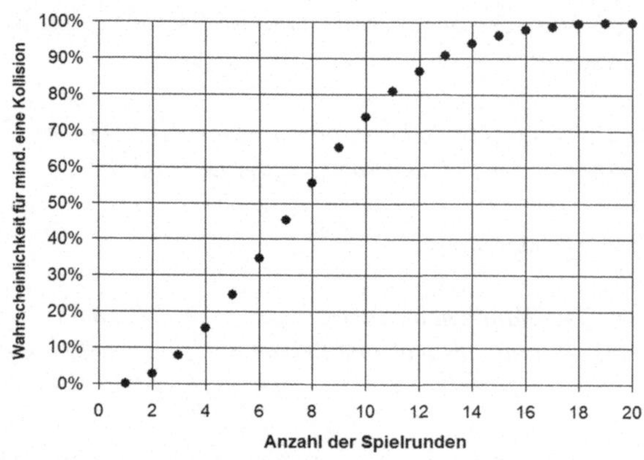

Abb. 5.2 Wahrscheinlichkeit für mindestens eine Kollision beim Roulettespiel

Wenn es also bei der Durchführung eines Zufallsversuchs – vielleicht überraschend schnell – zu einer Wiederholung kommt, braucht man sich umgekehrt nicht darüber wundern, dass es sehr lange dauern kann, bis jedes mögliche Ergebnis des Zufallsversuchs mindestens einmal aufgetreten ist.

Da eine solche Fragestellung insbesondere im Zusammenhang mit dem Sammeln von Bildern auftritt, spricht man auch allgemein vom **Sammelbilderproblem** oder auch vom Problem der vollständigen Serie.

Beispiel Würfeln

Ein Würfel soll solange geworfen werden, bis jede Augenzahl mindestens einmal gefallen ist – dann liegt eine vollständige Serie der sechs Augenzahlen vor.

Die Wahrscheinlichkeit für das Vorliegen einer vollständigen Serie beim Würfeln steigt ab dem 6. Wurf zunächst sehr stark an und übersteigt bereits nach 13 Würfen die 50 %-Marke (sog. Median), danach wächst die Wahrscheinlichkeit aber deutlich langsamer.

Die 90 %-Marke beispielsweise wird erst beim 23. Wurf überschritten.

Man benötigt also mehr als doppelt so viele Versuche wie durch die Anzahl der möglichen Ergebnisse (Augenzahl 1 bis Augenzahl 6) vorgegeben ist, damit die Wahrscheinlichkeit für eine vollständige Serie gerade einmal 50 % beträgt.

Es wäre jedenfalls eine durchaus *faire* Wette, wenn man auf das Vorliegen einer vollständigen Serie beim 13-fachen Würfeln setzt (vgl. Abb. 5.3).

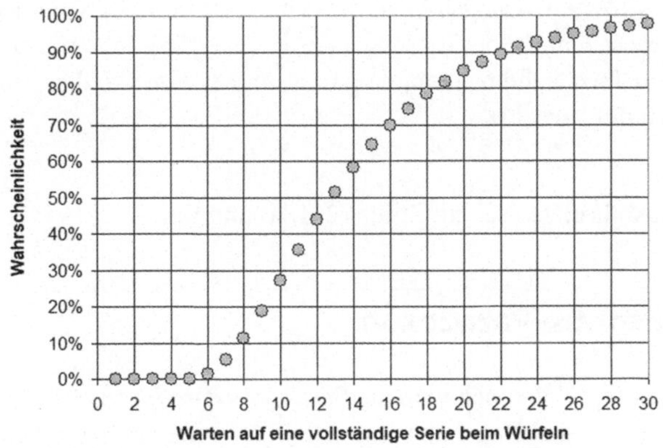

Abb. 5.3 Wahrscheinlichkeit für eine vollständige Serie beim Würfeln

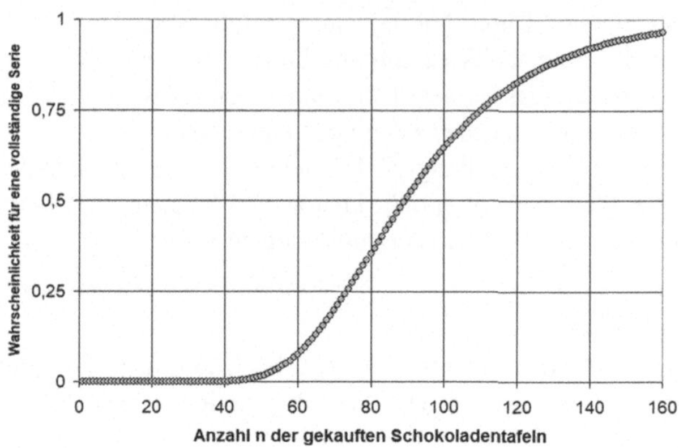

Abb. 5.4 Wahrscheinlichkeit für eine vollständige Serie bei Sammelbildern

Beispiel Sammelbilder

Nach Angaben des Herstellers sind Schokoladentafeln einer bestimmten Sorte 25 verschiedene Bilder mit gleicher Häufigkeit beigefügt.

Um eine vollständige Serie zu erreichen, muss man 90 Tafeln kaufen, um auf eine Wahrscheinlichkeit von 50 % zu kommen, also mehr als dreimal so viele Tafeln, wie es verschiedene Bilder gibt, vgl. Abb. 5.4.

Faustregel zum Problem der vollständigen Serie der Länge *s*

Für $6 \leq s \leq 50$ kann man den Median zu einer vollständigen Serie der Länge s näherungsweise mithilfe der Faustregel $\frac{1}{50} \cdot s \cdot (s + 175) - 10$ bestimmen.

Aus dem Term kann man ablesen, dass die Lage des Medians (ungefähr) quadratisch mit s wächst.

Für nähere Ausführungen sei auf Strick (2018a) und Strick (2019) verwiesen.

5.3 Rencontre-Paradoxon

Ein weiteres Alltagsphänomen wird als *Rencontre-Paradoxon* bezeichnet:

Hier geht es in der Regel um das zufällige Verteilen von n Gegenständen an n Personen, bei denen – häufiger als eben intuitiv vermutet wird – ein unerwünschter Effekt eintritt.

Werden nacheinander n nummerierte Kugeln gezogen, dann kann es vorkommen, dass bei der k-ten Ziehung (mit $k = 1, 2, 3, \ldots, n$) die Kugel mit der Nummer k gezogen wird. Diese Übereinstimmung von Kugel-Nummer und Ziehungsnummer bezeichnet man als *Rencontre* (frz., Treffen, Begegnung).

Beispiel Wichteln

In der Weihnachtszeit kommt es häufig vor, dass gewichtelt wird, d. h., alle beteiligten Personen bringen ein Geschenk mit einem vereinbarten Wert mit und legen diese in einen Sack, aus dem sich dann nacheinander eine Person nach der anderen ohne hineinzuschauen ein Päckchen herausnehmen darf.

Wer das Phänomen nicht kennt, wundert sich darüber, dass es vergleichsweise oft vorkommt, dass irgendjemand dabei sein wird, der sein eigenes Geschenk zieht.

Und: Es erscheint zusätzlich paradox, dass die Wahrscheinlichkeit für ein solches Rencontre nahezu unabhängig ist von der Anzahl der beteiligten Personen:

Faustregel für *mindestens ein Rencontre*
Für $n \geq 6$ ist die Wahrscheinlichkeit, dass bei der zufälligen Ziehung von n Objekten *kein* Rencontre eintritt, *praktisch* konstant gleich 36,8 %, d. h., die Wahrscheinlichkeit für *mindestens ein* Rencontre beträgt für $n \geq 6$ ca. 63,2 %.

Wie beim Geburtstagsparadoxon wird der Eindruck des Paradoxen dadurch verstärkt, dass hier – möglicherweise unbewusst – zwei Fragen miteinander verwechselt werden.

Zu unterscheiden sind hier:
Wie groß ist die Wahrscheinlichkeit,

- dass *ich* mein eigenes Geschenk ziehe,
- dass irgendjemand der Beteiligten sein eigenes Geschenk zieht?

Während bei der ersten Frage die Wahrscheinlichkeit klein ist (beispielsweise ist die Wahrscheinlichkeit bei acht beteiligten Personen gleich $\frac{1}{8}$), ergibt sich bei der zweiten Frage für $n \geq 6$ stets eine Wahrscheinlichkeit von immerhin ca. 63 %.

Paradoxien, die sich aus unterschiedlichen Mittelwerten ergeben

6

Untersuchungen im Zusammenhang mit dem Problem der vollständigen Serie sind teilweise aufwendig; vergleichsweise einfach ist die Ermittlung des *Erwartungswerts* der Anzahl der notwendigen Stufen bis zum Vorliegen einer vollständigen Serie.

		1/6		2/6		3/6		4/6		5/6		
	1	↶	5/6	↶	4/6	↶	3/6	↶	2/6	↶	1/6	
0	→	**1**	→	**2**	→	**3**	→	**4**	→	**5**	→	**6**

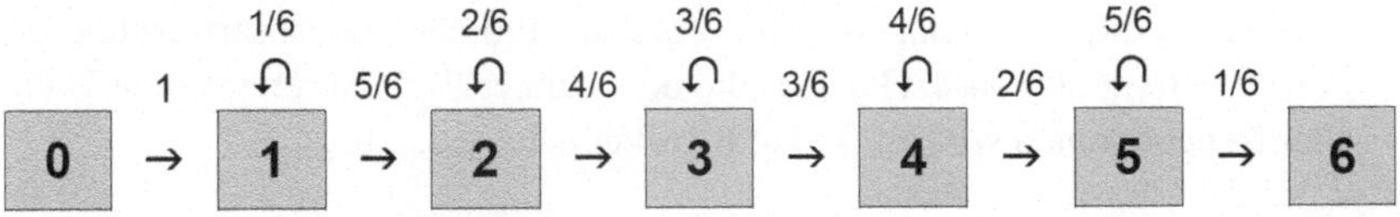

Beispielsweise berechnet sich beim Würfeln der Erwartungswert μ der Anzahl der notwendigen Würfe, bis jede Augenzahl mindestens einmal aufgetreten ist, wie folgt:

$$\mu = \tfrac{6}{6} + \tfrac{6}{5} + \tfrac{6}{4} + \tfrac{6}{3} + \tfrac{6}{2} + \tfrac{6}{1} = 6 \cdot (1 + \tfrac{1}{2} + \tfrac{1}{3} + \tfrac{1}{4} + \tfrac{1}{5} + \tfrac{1}{6}) = 14{,}7$$

wohingegen die 50 %-Marke (der *Median*) bereits bei 13 Würfen überschritten wird.

Dass Erwartungswert und Median nicht übereinstimmen, hängt mit der zugrunde liegenden Wahrscheinlichkeitsverteilung zusammen. Da diese nicht symmetrisch ist, die zugehörige Verteilungskurve vielmehr zunächst sehr stark wächst und dann immer langsamer steigt, ist die Wahrscheinlichkeit für Werte unterhalb des Erwartungswerts größer als 50 % und entsprechend für Werte oberhalb des Erwartungswerts kleiner als 50 %, vgl. auch die Abb. 5.3 und 5.4.

H. K. Strick, *Stochastische Paradoxien*, essentials,
https://doi.org/10.1007/978-3-658-29583-7_6

Der Unterschied zwischen Median und Erwartungswert spielt auch in einem völlig anderem Zusammenhang eine Rolle:

Bereits Edmond Halley, der 1693 erste Überlegungen über angemessene Prämien von Lebensversicherungen veröffentlichte, hatte den Unterschied zwischen der mittleren Lebensdauer *(Erwartungswert)* und der Altersstufe entdeckt, die nur noch von der Hälfte der Neugeborenen erreicht wurde *(Median)*.

- Ende des 17. Jahrhunderts vollendeten nur 50 % der (männlichen) Neugeborenen das achte Lebensjahr; die mittlere Lebensdauer betrug damals 26 Jahre.
- Für den Geburtsjahrgang 1871 gibt das Statistische Bundesamt für Frauen eine mittlere Lebensdauer von 42,1 Jahren, für Männer von 39,1 Jahren an; von den Neugeborenen wurden 50 % nicht älter als 50,2 bzw. 44,4 Jahre.
- Aus den sog. Sterbetafel 2016/2018 des Statistischen Bundesamts kann man folgende Daten entnehmen: Die durchschnittliche Lebenserwartung der Frauen beträgt aktuell 83,3 Jahre, die der Männer 78,5 Jahre; etwa die Hälfte aller Neugeborenen wird 86,2 bzw. 81,6 Jahre alt, vgl. Abb. 6.1.

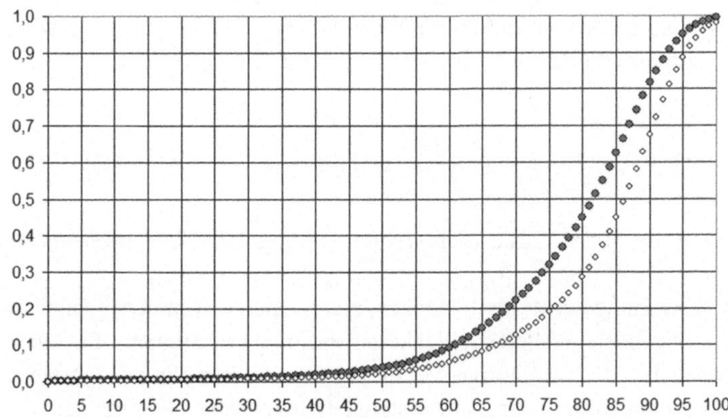

Abb. 6.1 Veranschaulichung der Sterbetafeln 2016/2018

7 Paradoxien, die sich aus einer fehlenden Transitivität von Beziehungen ergeben

7.1 Paradoxien bei besonderen Zufallsgeräten

Der amerikanische Statistiker Bradley Efron entwickelte ein einfaches Würfelspiel für zwei Personen.

- Der erste Spieler wählt einen der folgenden vier besonderen Würfel aus. Der zweite Spieler trifft dann seine Auswahl unter den übrig gebliebenen drei Würfeln. Dann werfen die beiden Spieler ihre Würfel. Der Spieler, dessen Würfel die höhere Augenzahl zeigt, gewinnt die Runde.

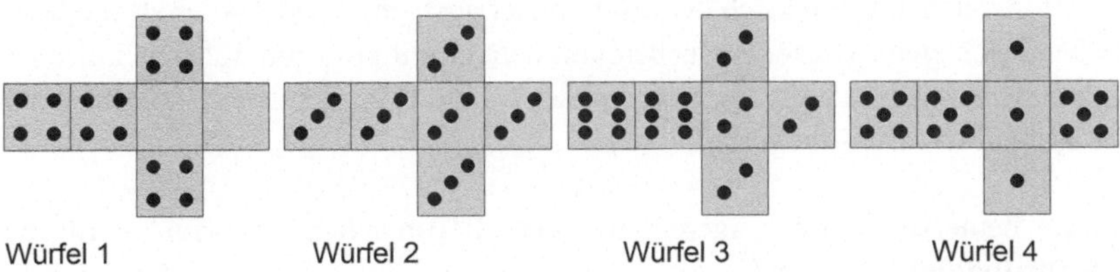

Vergleicht man die 6×6 Kombinationsmöglichkeiten der jeweils sechs Augen von je zwei Würfeln, dann ergeben sich die in der folgenden Tabelle angegebenen Spielchancen. Beispielsweise bedeutet das Verhältnis 24:12, dass der Spieler, der den ersten Würfel gewählt hat, eine Runde mit der Wahrscheinlichkeit $\frac{2}{3}$ gewinnt, und der Spieler, der den zweiten Würfel gewählt hat, mit der Wahrscheinlichkeit $\frac{1}{3}$.

H. K. Strick, *Stochastische Paradoxien*, essentials,
https://doi.org/10.1007/978-3-658-29583-7_7

	Würfel 1	Würfel 2	Würfel 3	Würfel 4
Würfel 1		24:12	16:20	12:24
Würfel 2	12:24		24:12	18:18
Würfel 3	20:16	12:24		24:12
Würfel 4	24:12	18:18	12:24	

Hat sich beispielsweise der erste Spieler dafür entschieden, sein Spiel mit Würfel 1 zu machen, dann kann sich der zweite Spieler für Würfel 4 entscheiden und ist im Vorteil (auch bei der Wahl von Würfel 3 hätte der zweite Spieler größere Chancen zu gewinnen als der erste Spieler).

Würde aber der erste Spieler Würfel 4 nehmen, dann kann sich der zweite Spieler für Würfel 3 entscheiden, um im Vorteil zu sein.

Wenn der erste Spieler Würfel 3 auswählt, dann hat der zweite Spieler mit Würfel 2 größere Gewinnchancen.

Und schließlich wäre auch Würfel 2 für den ersten Spieler keine gute Wahl, denn in der überwiegenden Anzahl der Fälle würde er dem zweiten Spieler unterliegen, wenn dieser sich für Würfel 1 entscheidet.

Egal, für welchen Würfel sich der erste Spieler auch entscheidet – der zweite Spieler kann sich einen Würfel aussuchen, mit dem er mit größerer Wahrscheinlichkeit eine höhere Augenzahl als der erste Spieler erzielt, d. h., der zweite Spieler ist bei der Wahl des Würfels im Vorteil!

Diese bemerkenswerte Eigenschaft der **Efron'schen Würfel** wird als **Intransitivität** bezeichnet.

In der Arithmetik gilt die Transitivität der „kleiner"-Relation: Erfüllen die drei Zahlen a, b, c die Bedingungen $a < b$ und $b < c$, dann folgt auch $a < c$.

Im Unterschied hierzu gilt bei diesen speziellen Würfeln keine Transitivität bzgl. der „Spielstärke" der Würfel.

Die Efron'schen Würfel sind also *nicht* transitiv, denn beispielsweise kann man aus den beiden Eigenschaften

„Würfel 1 ist günstiger als Würfel 2" und „Würfel 2 ist günstiger als Würfel 3" *nicht* schließen, dass gilt: Würfel 1 ist günstiger als Würfel 3.

Hier gilt vielmehr eine Intransitivitätskette:

Würfel 1 ➢ Würfel 2 ➢ Würfel 3 ➢ Würfel 4 ➢ Würfel 1

wobei mit dem Symbol ➢ die Eigenschaft „ist günstiger als" abkürzend beschrieben wird.

Es erscheint **paradox,** dass beim Würfeln mit den Efron'schen Würfeln der zweite Spieler immer im Vorteil ist. Denn eigentlich würde man vermuten, dass der erste Spieler, der sich ja den Würfel auswählen kann, in der günstigeren Situation ist.

Hinweis: Nach der Entdeckung des Phänomens der Intransitivität am Beispiel der Efron'schen Würfel wurden weitere besonders beschriftete Zufallsgeräte entwickelt, bei denen teilweise mehrere Intransitivitätsketten gelten, vgl. Literaturhinweise.

7.2 Paradoxien bzgl. der Abfolge von gleichwahrscheinlichen Ergebnissen

Vergleichsweise etwas weniger paradox erscheinen die Spielchancen bei einem anderen Wettspiel, das der amerikanische Mathematiker Walter Penney erfand **(Penney's Game):**

- Zwei Spieler setzen bei einem fortgesetzten Münzwurf auf eine Dreier-Kombination von Ergebnissen, also nacheinander auf jeweils eine der acht möglichen Münzwurf-Folgen *WWW, WWZ, WZW, WZZ, ZWW, ZWZ, ZZW, ZZZ,* die ja eigentlich alle gleichwahrscheinlich sind.

Warum auch hier der zweite Spieler im Vorteil ist, lässt sich bei diesem Wettspiel eher durchschauen als bei den Efron'schen Würfeln. Aus der folgenden Kombinationstabelle mit Gewinnchancen kann man ablesen, welche Dreier-Kombination der zweite Spieler wählen muss, um jeweils gegen den ersten Spieler zu gewinnen (fett gedruckte Verhältnisse):

	WWW	*WWZ*	*WZW*	*WZZ*	*ZWW*	*ZWZ*	*ZZW*	*ZZZ*
WWW		1 : 1	**2 : 3**	**2 : 3**	**1 : 7**	**5 : 7**	**3 : 7**	1 : 1
WWZ	1 : 1		2 : 1	2 : 1	**1 : 3**	5 : 3	1 : 1	7 : 3
WZW	3 : 2	**1 : 2**		1 : 1	1 : 1	1 : 1	**3 : 5**	7 : 5
WZZ	3 : 2	**1 : 2**	1 : 1		1 : 1	1 : 1	3 : 1	7 : 1
ZWW	7 : 1	3 : 1	1 : 1	1 : 1		1 : 1	**1 : 2**	3 : 2
ZWZ	7 : 5	**3 : 5**	1 : 1	1 : 1	1 : 1		**1 : 2**	3 : 2
ZZW	7 : 3	1 : 1	5 : 3	**1 : 3**	2 : 1	2 : 1		1 : 1
ZZZ	1 : 1	**3 : 7**	**5 : 7**	**1 : 7**	**2 : 3**	**2 : 3**	1 : 1	

Welche allgemeine Strategie dahinter steckt, soll an einem Beispiel verdeutlicht werden:

Beispiel

Der erste Spieler setzt darauf, dass die Münzwurffolge *WZZ* als erste kommt; der zweite setzt dagegen, dass die Münzwurffolge *WWZ* als erste auftritt.

Überlegung des zweiten Spielers: Er kommt dem ersten Spieler dadurch zuvor, dass er bei seiner Wette die ersten beiden Ergebnisse von *WZZ*, also die Teil-Kombination *WZ* berücksichtigt: Diese Teil-Kombination *WZ* setzt der zweite Spieler an das Ende seines Wett-Tipps *WWZ*. (Denkbar wäre auch ein Setzen auf die Folge *ZWZ*, aber dies erweist sich nicht als vorteilhafter.)

Hinweis: Man kann den möglichen Verlauf eines solchen Wettspiels mithilfe eines sog. Übergangsdiagramms darstellen. In der Grafik links werden die möglichen Münzwurf-Folgen im Hinblick auf die Wetten *WZZ* gegen *WWZ* miteinander verglichen, in der Grafik rechts die möglichen Münzwurf-Folgen im Hinblick auf die Wetten *WZZ* gegen *ZWZ*.

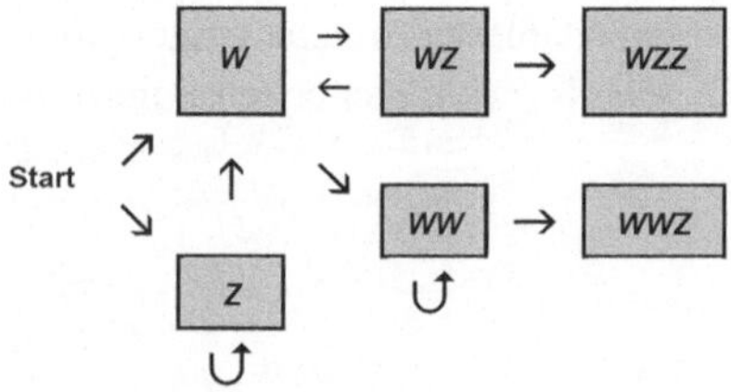

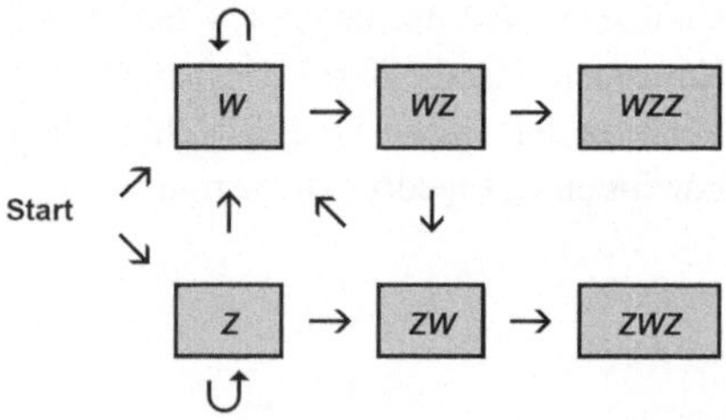

Auch bei diesem Spiel kann man eine Intransitivitätskette aus vier der acht möglichen 3er-Kombinationen aufstellen:

$$WWZ \succ WZZ \succ ZZW \succ ZWW \succ WWZ.$$

7.3 Das Condorcet-Paradoxon

Ein ganz anders gelagertes Beispiel von Intransitivität entdeckte der französische Mathematiker und Philosoph der Aufklärung, **Marie Jean Antoine Nicolas Caritat, Marquis de Condorcet** (1743–1794).

Er beschäftigte sich u. a. mit der Frage, wie eine Abstimmung oder eine Wahl durchgeführt werden sollte, die den Anliegen von möglichst vielen Beteiligten gerecht wird; denn auch nach einer durch Abstimmung herbeigeführten Entscheidung sollte der soziale Frieden in einer Gesellschaft bewahrt werden.

Angenommen, es soll über drei Kandidaten *A, B, C* (oder allgemein drei Antragsalternativen) abgestimmt werden. Transitivität vorausgesetzt, würde es genügen, beispielsweise nur über zwei der möglichen Alternativen abzustimmen, also beispielsweise über die Alternativen *A oder B* und über die Alternativen *B oder C;* denn aus $A \succ B$ und $B \succ C$ würde wegen der Transitivität $A \succ C$ folgen.

Nun kann es aber durchaus vorkommen, dass zwar eine Mehrheit *A* gegenüber *B* bevorzugt und *B* gegenüber *C,* aber dass in einer dritten Abstimmung *C* gegenüber *A* gewinnen würde.

Condorcet weist darauf hin, dass auf diese Weise ein Abstimmungsverfahren manipuliert werden könnte, wenn man nur über die Alternativen *A oder B* sowie über *B oder C* abstimmen lässt und dann wegen der vermeintlichen Transitivität auf die Abstimmung über die Alternativen *A oder C* verzichtet. Einen sog. *Condorcet-Gewinner* gibt es nur dann, wenn aus dem paarweisen Vergleich ein Sieger hervorgeht, der *alle* Abstimmungen zu seinen Gunsten entscheiden kann.

In seiner Abhandlung *Essai sur l'application de l'analyse à la probabilité des décisions rendues à la pluralité des voix* aus dem Jahr 1785 beschreibt Condorcet die Schwierigkeiten einer angemessenen Entscheidung anhand des folgenden Beispiels:

Condorcets Beispiel

In einer Versammlung von 60 Stimmberechtigten soll über drei alternative Vorschläge *A, B* und *C* abgestimmt werden. Jeder hat die Möglichkeit, seine Präferenzen zum Ausdruck zu bringen. Hierbei ergaben sich die folgenden Ergebnisse:

23 für $A \succ C \succ B$; 19 für $B \succ C \succ A$;

16 für $C \succ B \succ A$ und 2 für $C \succ A \succ B$.

Wenn für jeden der Stimmberechtigten jeweils nur die oberste Priorität gewertet wird, dann hat Vorschlag *A* mit 23 Stimmen die einfache Mehrheit (gegenüber 19 Stimmen für Vorschlag *B* und 18 Stimmen für Vorschlag *C*); es gilt also

$A \succ B \succ C$.

Vergleicht man die einzelnen Paare, so ergibt sich:

35 stimmen für $B \succ A$ (25 für $A \succ B$);

41 stimmen für $C \succ B$ (19 für $B \succ C$) und

37 stimmen für $C \succ A$ (23 für $A \succ C$).

Aus den ersten beiden Vergleichen ergibt sich dann die Reihenfolge $C \succ B \succ A$, was auch durch den dritten Vergleich bestätigt wird, also die umgekehrte Reihenfolge wie oben.

Condorcet schlägt auch einen Ausweg aus dem Dilemma vor, wenn es keinen Condorcet-Gewinner geben sollte: Man lässt denjenigen Zweiervergleich wegfallen, bei dem die kleinste Mehrheit auftrat, denn diese Mehrheit ist nach seiner Meinung *am ehesten irrtümlich* zustande gekommen. Und falls dies auch nicht zur Entscheidung führt (was bei mehr als drei Alternativen möglich ist), ggf. auch schrittweise weitere Abstimmungsergebnisse.

Das Simpson-Paradoxon 8

Der amerikanische Mathematiker Edward H. Simpson machte 1951 auf das Phänomen aufmerksam, dass Daten aus sehr unterschiedlich zusammengesetzten Gesamtheiten zu widersprüchlichen Aussagen über die Verteilung von Merkmalen führen können.

Ein berühmtes Beispiel für dieses Phänomen ist die Berkeley-Studie von 1973:

Beispiel: Studien über die Zulassung von Frauen und Männern

Im Herbst 1973 wurde an der Berkeley University in Kalifornien eine Untersuchung durchgeführt, in der überprüft werden sollte, ob weibliche Studierende benachteiligt werden.

In den folgenden Vierfeldertafeln mit absoluten bzw. relativen Häufigkeiten ist festgehalten, wie viele Frauen und wie viele Männer sich um einen Studienplatz beworben hatten und wie viele davon zum Studium zugelassen wurden.

	zugelassen	abgelehnt	Bewerbungen
Frauen	1494	2827	4321
Männer	3738	4704	8442
gesamt	5232	7531	12763

	zugelassen	abgelehnt	Bewerbungen
Frauen	11,7 %	22,1 %	33,8 %
Männer	29,3 %	36,9 %	66,2 %
gesamt	41,0 %	59,0 %	100 %

Es ist unschwer erkennbar, dass der Anteil unter den zum Studium in Berkeley zugelassenen Männern höher ist als der der Frauen. Diese Anteile, die sich durch Quotientenbildung in der Vierfeldertafel ergeben, sind als bedingte Wahrscheinlichkeiten auf der 2. Stufe der beiden zugehörigen Baumdiagramme (s. u.) eingetragen:

H. K. Strick, *Stochastische Paradoxien*, essentials,
https://doi.org/10.1007/978-3-658-29583-7_8

44,3 % der männlichen Bewerber, aber nur 34,6 % der Bewerberinnen wurden in Berkeley zum Studium zugelassen (vgl. Baumdiagramm links); unter den zum Studium zugelassenen beträgt der Anteil der Männer 71,4 %, unter den nicht-zugelassenen nur 62,5 %.

Eine Benachteiligung der Frauen hinsichtlich ihrer Bewerbungschancen in Berkeley scheint somit nachgewiesen.

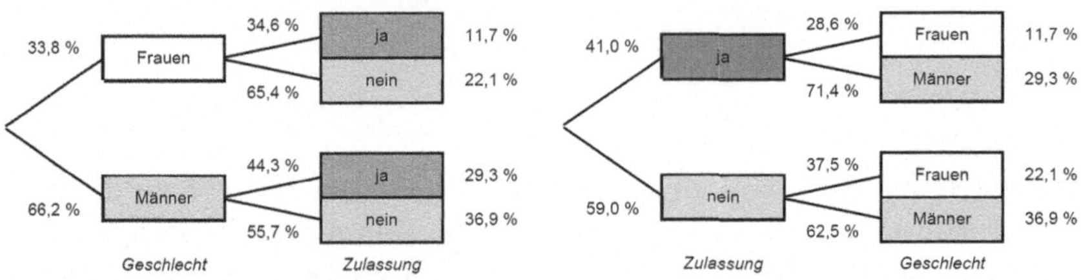

Bei näherer Untersuchung der Daten für einzelne Abteilungen zeigte sich jedoch, dass für diese genau das Gegenteil behauptet werden könnte.

Beispielsweise zeigte sich für die beiden größten Fachbereiche A und B der Universität das folgende Bild:

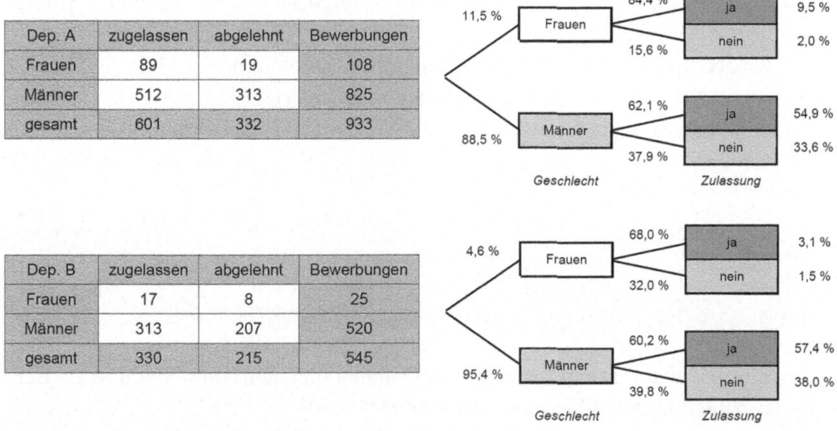

Dep. A	zugelassen	abgelehnt	Bewerbungen
Frauen	89	19	108
Männer	512	313	825
gesamt	601	332	933

Dep. B	zugelassen	abgelehnt	Bewerbungen
Frauen	17	8	25
Männer	313	207	520
gesamt	330	215	545

Bei weiteren Untersuchungen zeigte sich, dass man in höchstens 10 der 85 Abteilungen der Universität von einer signifikanten Geschlechter-Benachteiligung sprechen könnte, allerdings in beiden Richtungen.

Das Gesamtergebnis der angeblichen Benachteiligung der Frauen ergab sich aus der Tatsache, dass diese sich überwiegend in Fachbereichen beworben hatten, in denen insgesamt nur wenige Studienplätze zur Verfügung standen, während Männer überwiegend Fachbereiche mit hohen Zulassungsquoten auswählten.

Anhand des folgenden Beispiels, das von Marilyn vos Savant entwickelt wurde, soll anschaulich verdeutlicht werden, wie es zu dem Phänomen des Simpson-Paradoxon kommen kann.

Beispiel: Bewerbung um Arbeitsplätze

Durch den Neubau einer Fabrik werden 455 Arbeitsplätze geschaffen.

Um die 70 Stellen im Büro bewerben sich je 200 Frauen und Männer; 20 % der Frauen, aber nur 15 % der Männer werden eingestellt. Für die 385 Stellen in den Werkshallen bewerben sich 400 Männer, von denen 75 % eingestellt werden, und 100 Frauen, von denen 85 eine Arbeit erhalten.

Insgesamt werden 330 Männer, das sind 55 % der 600 Bewerber eingestellt, aber nur 125 Frauen, das sind 41,7 % der Bewerberinnen.

Im Diagramm von Abb. 8.1 ist an der linken und an der rechten vertikalen Achse jeweils der Anteil der erfolgreichen Bewerbungen markiert (links im Büro: 20 % der Frauen, 15 % der Männer; rechts die Fabrik: 85 % der Frauen, 75 % der Männer).

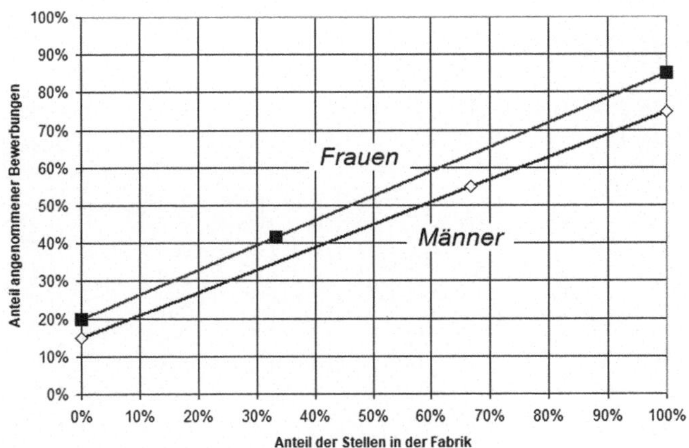

Abb. 8.1 Veranschaulichung des Simpson-Paradoxons

Wenn man dann den Anteil der Gesamtpopulation ermittelt, müssen diese Anteile entsprechend dem Umfang der jeweiligen Teilpopulation gewichtet werden. Dies wird in der Grafik dadurch verdeutlicht, dass eine Gerade zwischen den beiden Anteilsmarkierungen der linken und rechten vertikalen Achse gezeichnet wird.

In beiden Bereichen sind die Bewerbungen der Frauen erfolgreicher; deshalb liegt die „Frauen"-Gerade oberhalb der „Männer"-Geraden.

Die Punkte, die den Anteil der Bewerbungen in der Gesamt-Population darstellen, liegen entsprechend jeweils auf diesen Geraden.

Da sich ein Drittel der Frauen für eine Arbeit in der Fabrik beworben hat, ergibt sich für den zugehörigen Punkt die horizontale Koordinate 33,3 %, und da insgesamt 41,7 % der Bewerbungen erfolgreich waren, hat der Punkt genau diese vertikale Koordinate. Entsprechend ergibt sich für den Bewerbungserfolg der Männer insgesamt der Punkt (66,7 % | 55 %).

Durch diese Grafik wird also sichtbar, dass in den Teilpopulationen „Büro" und „Fabrik" die Frauen mit ihren Bewerbungen jeweils erfolgreicher sein können als die Männer, insgesamt aber die Männer im Vorteil zu sein scheinen.

Paradoxien im Zusammenhang mit geometrischen Wahrscheinlichkeiten

9

In der Wahrscheinlichkeitstheorie spielen die sog. *geometrischen Wahrscheinlichkeiten* eine besondere Rolle. Hier geht es um die Frage, mit welcher Wahrscheinlichkeit ein Punkt zufällig in einem bestimmten Abschnitt einer Strecke oder in einer Teilfläche eines Flächenstücks liegt (oder entsprechend bei höher-dimensionalen Gebilden).

Analog zur Laplace-Regel

$$P(E) = \frac{\text{Anzahl der zum Ereignis E gehörenden Ergebnisse}}{\text{Anzahl der möglichen Ergebnisse}}$$

gilt also

$$P(E) = \frac{\text{Länge der zu E gehörenden Teilstrecke}}{\text{Länge der Gesamtstrecke}} \text{ bzw.}$$

$$P(E) = \frac{\text{Maßzahl des zu E gehörenden Flächenstücks}}{\text{Maßzahl des gesamten Flächenstücks}} \text{ usw.}$$

Beispiele für geometrische Wahrscheinlichkeiten

a) Die Wahrscheinlichkeit, dass eine Zufallszahl x aus dem Intervall [0; 1] kleiner ist als 0,4, beträgt 40 %; denn die Länge des Intervalls mit $0 \leq x < 0{,}4$ hat einen Anteil von 40 % an der Länge des Gesamt-Intervalls mit $0 \leq x < 1$.

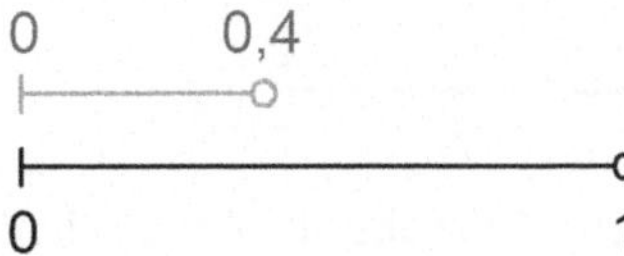

H. K. Strick, *Stochastische Paradoxien*, essentials,
https://doi.org/10.1007/978-3-658-29583-7_9

b) Die Wahrscheinlichkeit, dass die Summe zweier solcher, voneinander unabhängiger Zufallszahlen x, y kleiner ist als 0,8, beträgt 32 %; denn das Flächenstück, in dem die Punkte mit $x + y < 0{,}8$ liegen, also die Bedingung $y < -x + 0{,}8$ erfüllen, hat einen Anteil von $\frac{1}{2} \cdot 0{,}8 \cdot 0{,}8 = 0{,}32 = 32\,\%$ an der Gesamtfläche eines Quadrats mit Seitenlänge 1.

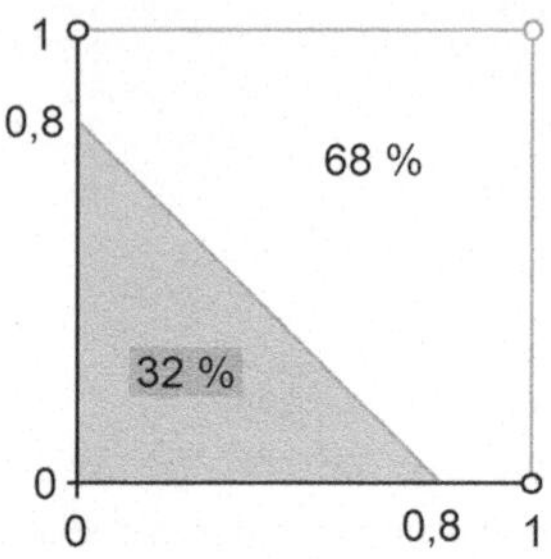

c) Bei dem vom französischen Mathematiker **Georges-Louis Leclerc Comte de Buffon** (1707–1788) erfundenen Spiel *franc-carreau* geht es darum, eine Münze mit dem Radius r zufällig auf ein Feld mit quadratischem Fliesenmuster (Fliesenbreite 1) zu werfen, vgl. folgende Abb. links. Die Wahrscheinlichkeit für das Ereignis E, dass die Münze vollständig innerhalb eines quadratischen Felds liegen bleibt, berechnet sich dann gemäß dem o. a. Ansatz wie folgt:

$P(E) = \frac{a^2}{1^2} = \frac{(1-2r)^2}{1^2} = (1-2r)^2$, vgl. folgende Abb. rechts.

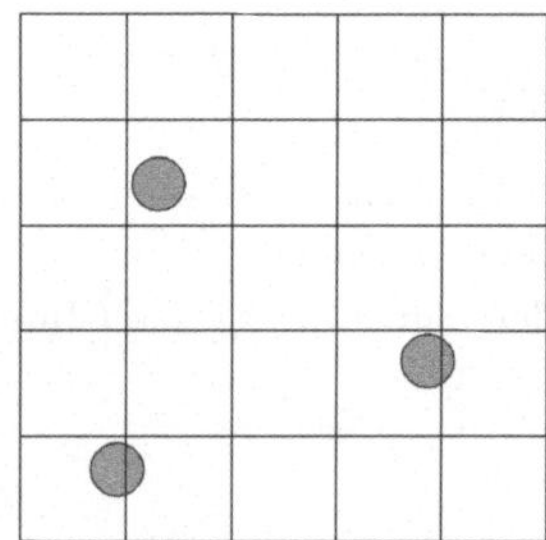

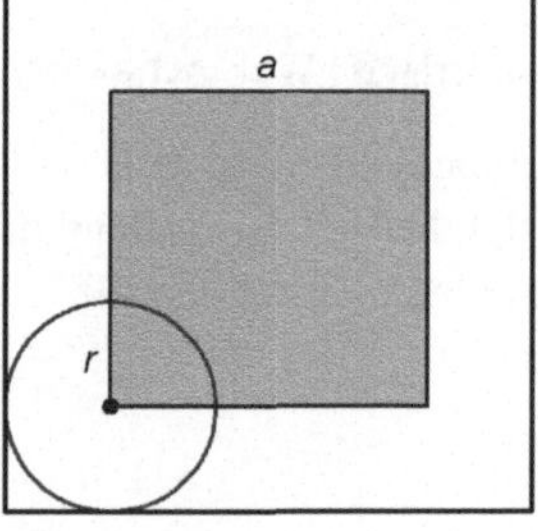

Es ist jedoch nicht immer eindeutig möglich, Wahrscheinlichkeiten durch solche geometrische Überlegungen zu bestimmen. Der französische Mathematiker Joseph Louis François Bertrand (1822–1900) erläuterte dies am folgenden Beispiel; es ist als **Bertrand'sches Paradoxon** in die Literatur eingegangen.

Beispiel: Bertrand'sches Paradoxon

In einem Kreis zeichnet man *zufällig* eine Sehne. Wie groß ist die Wahrscheinlichkeit dafür, dass die Sehne größer ist als die Seite eines einbeschriebenen gleichseitigen Dreiecks?

Je nachdem, wie man dieses „zufällige" Zeichnen deutet, kommt man zu unterschiedlichen Wahrscheinlichkeiten. Bertrand nennt drei Möglichkeiten:

a) Man verbindet *A*, einen der Eckpunkte des gleichseitigen Dreiecks *ABC*, mit einem *beliebigen* Punkt *P* der Kreislinie. Diese Sehne ist länger als die Dreiecksseiten, wenn *P* zwischen *B* und *C* liegt. Die Wahrscheinlichkeit hierfür ist $\frac{1}{3}$.
(Hier wird zur Bestimmung der Wahrscheinlichkeit das Verhältnis der Länge des Kreisbogens zwischen den Punkten B und C zum Umfang des Kreises berechnet).

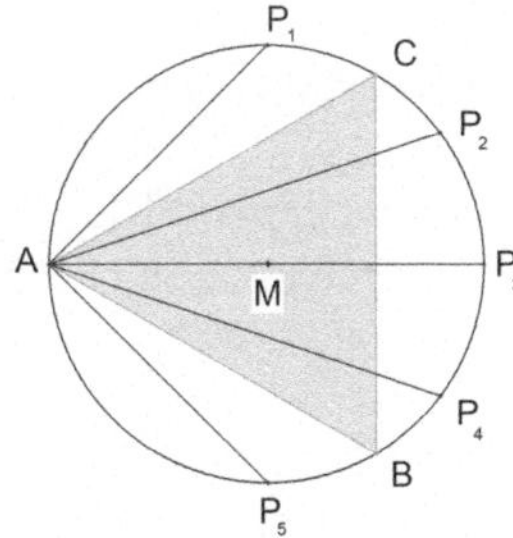

b) Auf einem Durchmesser wählt man einen *beliebigen* Punkt *P* und zeichnet durch *P* eine Senkrechte. Die Länge dieser Sehne ist größer als die Dreiecksseiten, wenn *P* weniger als der halbe Radius vom Mittelpunkt *M* entfernt ist. Dies ist mit Wahrscheinlichkeit $\frac{1}{2}$ der Fall.
(Hier wird zur Bestimmung der Wahrscheinlichkeit das Verhältnis von Streckenlängen auf dem durch A gehenden Kreisdurchmesser berechnet).

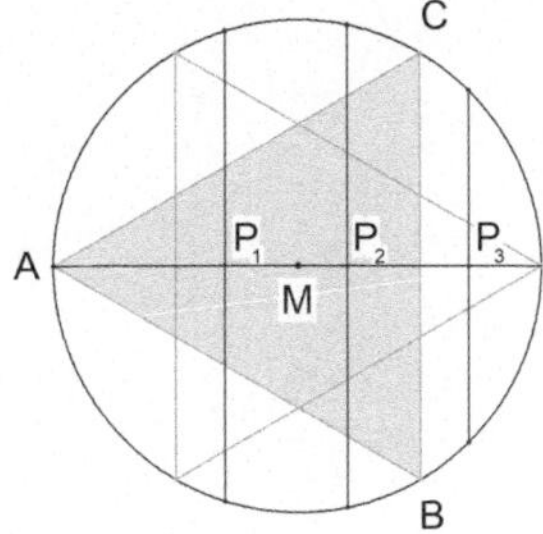

c) Man wählt einen *beliebigen* Punkt P der Kreisfläche und zeichnet durch diesen eine Sehne derart, dass der Punkt P Mittelpunkt der Sehne ist. Die Sehne ist größer als die Dreiecksseiten, wenn P weniger als der halbe Radius vom Mittelpunkt M entfernt ist. Dies ist mit Wahrscheinlichkeit $\frac{1}{4}$ der Fall.

(Auch hier wird zur Bestimmung der Wahrscheinlichkeit das Verhältnis von Streckenlängen berechnet).

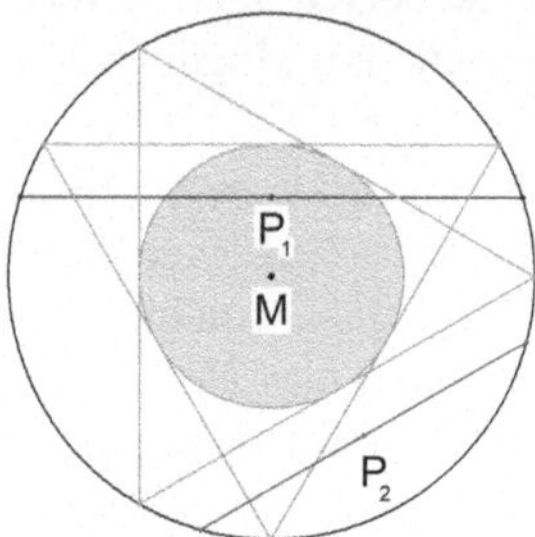

Die rhetorische Frage, welche der drei Lösungen falsch ist, beantwortete Bertrand so:

Keine ist falsch, keine ist ganz richtig – die Frage ist falsch gestellt. Die „richtige“ Wahrscheinlichkeit ergibt sich, indem man genau beschreibt, *wie* die Sehnen konstruiert werden sollen.

Was Sie aus diesem *essential* mitnehmen können

In diesem Heft haben Sie gelernt,

- dass sich Wahrscheinlichkeiten für Ereignisse verändern können, wenn man zusätzliche Informationen erhält,
- dass es Gesetzmäßigkeiten des Zufalls gibt, die nicht intuitiv einleuchten,
- dass Wahrscheinlichkeiten von Ereignissen davon abhängen können, was man als zufällig ansieht,
- dass es nicht-transitive Beziehungen zwischen Ereignissen geben kann.

H. K. Strick, *Stochastische Paradoxien*, essentials,
https://doi.org/10.1007/978-3-658-29583-7

Literatur

Haller, R. und Barth, F. (2014). Berühmte Aufgaben der Stochastik. München: Oldenburg/de Gruyter.
Henze, N. (2016). *Stochastik für Einsteiger* (11. Aufl.). Heidelberg: Springer Spektrum.
Statistisches Bundesamt (2019). Periodensterbetafeln für Deutschland – Ergebnisse aus der laufenden Berechnung von Periodensterbetafeln für Deutschland und die Bundesländer. Wiesbaden.
Strick, H. K. et al. (2003). *Elemente der Mathematik SII – Leistungskurs Stochastik.* Braunschweig: Schroedel.
Strick, H. K. (2018a). *Mathematik ist wunderschön*, Kap. 7: *Spiele mit merkwürdigen Würfeln, Glücksrädern und Münzen*. Heidelberg: Springer.
Strick, H. K. (2018b). *Mathematik ist wunderschön*, Kap. 12: *Gesetzmäßigkeiten des Zufalls*. Heidelberg: Springer.
Strick, H. K. (2018c). *Stochastik kompakt* (Teil 1): *Wahrscheinlichkeitsrechnung*. Wiesbaden: Springer Spektrum.
Strick, H. K. (2019). *Stochastik kompakt* (Teil 3): *Gesetzmäßigkeiten des Zufalls*. Wiesbaden: Springer Spektrum.
Székely, G. (1990). *Paradoxa – Klassische und neue Überraschungen aus Wahrscheinlichkeitsrechnung und Mathematischer Statistik*. Frankfurt: Harri Deutsch.
Szpiro, G. G. (2011). *Die verflixte Mathematik der Demokratie*. Heidelberg: Springer.

H. K. Strick, *Stochastische Paradoxien*, essentials,
https://doi.org/10.1007/978-3-658-29583-7